版式设计精品艺术丛书

网站网页设计

张健 主编
高品 副主编

西南师範大學出版社
国家一级出版社 全国百佳图书出版单位

图书在版编目(CIP)数据

网站网页设计 / 张健主编. -- 重庆：西南师范大学出版社, 2015.5
(版式设计精品艺术丛书)
ISBN 978-7-5621-7332-8

Ⅰ.①网… Ⅱ.①张… Ⅲ.①网页制作工具 Ⅳ.①TP393.092

中国版本图书馆 CIP 数据核字(2015)第 061294 号

版 式 设 计 精 品 艺 术 丛 书

网 站 网 页 设 计

张 健 主 编
高 品 副主编

责任编辑：王 煤
装帧设计：梅木子
出版发行：西南师范大学出版社
中国·重庆·西南大学校内
邮编：400715
网址：www.xscbs.com
经 销：新华书店
制 版：重庆海阔特数码分色彩印有限公司
印 刷：重庆康豪彩印有限公司
开 本：889mm×1194mm 1/16
印 张：8
字 数：200 千字
版 次：2015 年 8 月第 1 版
印 次：2015 年 8 月第 1 次印刷
书 号：ISBN 978-7-5621-7332-8

定 价：46.00 元

第一章

网站网页概述

World Wide Web

The WorldWideWeb (W3) is a wide-area hypermedia information retrieval initiative aiming to give universal access to a large universe of documents.

Everything there is online about W3 is linked directly or indirectly to this document, including an executive summary of the project, Mailing lists , Policy , November's W3 news , Frequently Asked Questions .

What's out there?
Pointers to the world's online information, subjects , W3 servers, etc.
Help
on the browser you are using
Software Products
A list of W3 project components and their current state. (e.g. Line Mode ,X11 Viola , NeXTStep , Servers , Tools , Mail robot , Library)
Technical
Details of protocols, formats, program internals etc
Bibliography
Paper documentation on W3 and references.
People
A list of some people involved in the project.
History
A summary of the history of the project.
How can I help ?
If you would like to support the web..
Getting code
Getting the code by anonymous FTP , etc.

图 1-1 第一个网页(1991)

图 1-2 W3C(1994)

图 1-3 HTML5 官方 logo

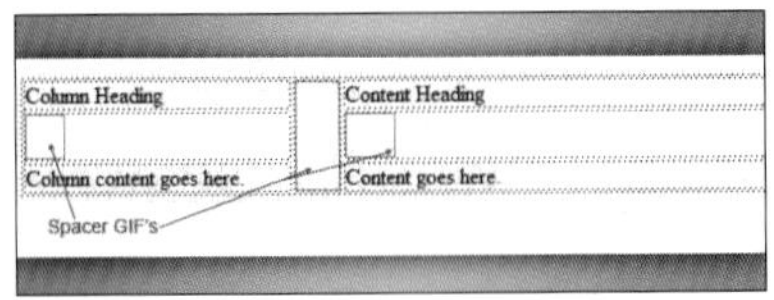

图 1-4 基于表格的结构设计

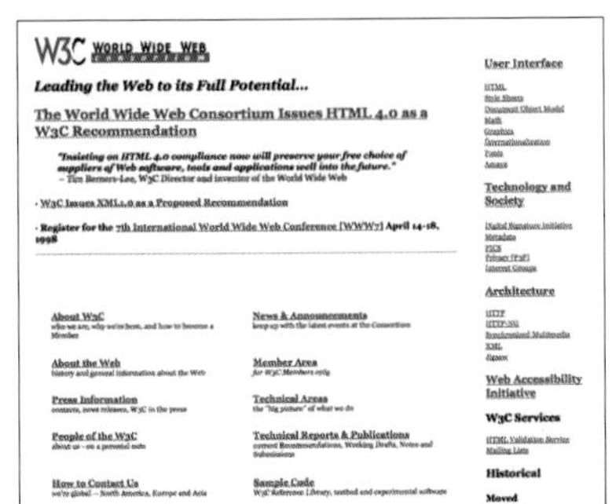
W3C WORLD WIDE WEB

Leading the Web to its Full Potential...

The World Wide Web Consortium Issues HTML 4.0 as a W3C Recommendation

User Interface

Technology and Society

Architecture

Web Accessibility Initiative

W3C Services

Historical

About W3C

News & Announcements

About the Web

Member Area

Press Information

Technical Areas

People of the W3C

Technical Reports & Publications

How to Contact Us

Sample Code

图 1-5 W3C(1998)

网站网页设计简史

互联网(Internet)是在计算机网络的基础上发展起来的,它的产生可以追溯到 1969 年初,其前身是 ARPANET(阿帕网),即美国国防部高级研究计划局所组建的计算机网络。它起初是美国国防部出于军事战略服务的需要,建立的一个类似于蜘蛛网形态的计算机网络系统。最初的目的不是为了盈利,而是进行各种科学研究和信息资料的传输。随着计算机信息技术的发展,资源的共享和信息交流的无国界化,吸引了各种商业机构、政府机关、企业团体的加入。因此,到了 20 世纪 90 年代,互联网迅速商业化,成为普及全世界的网络。

这里简单地回顾一下网站网页设计发展的重要历史节点。

1991 年 8 月,蒂姆·伯纳斯-李(Tim Berners-Lee)发布了历史上第一个网站,这个网站是由纯文本构成的、单栏的、内嵌超链接的一系列文本文件串联起来的,没有任何动态元素的修饰。(图 1-1)

1994 年,万维网联盟(W3C)成立,他们将 HTML 确立为网页的标准标记语言。(图 1-2、图 1-3)

20 世纪 90 年代中期,表格布局的出现,使网页设计有了较大的进步。表格布局可以创建多个栏目的网页,拓展了基于文本的设计模式,还融合了背景图片的切片技术,使框架式的网页设计结构得以推广,并逐渐成为主流的网页设计样式,动画文本、滚动文本、GIF 格式图片也开始出现在网页上。另外,这个时期出现的一些设计软件也促进了网页设计的发展。(图 1-4、图 1-5)

图 1-6　Flash 设计实例(1)

图 1-7　Flash 设计实例(2)

图 1-8　W3C（2003）

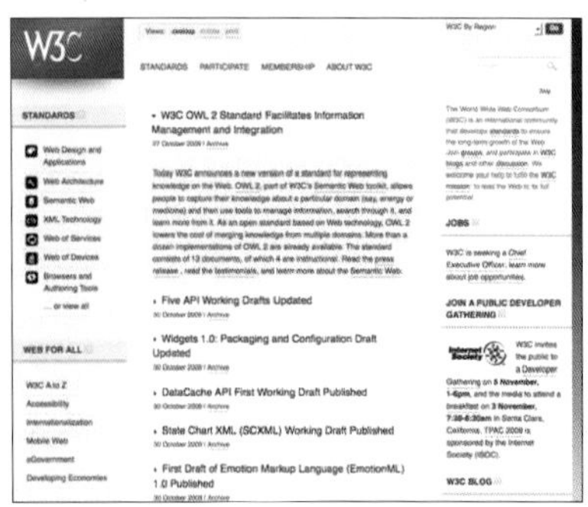

图 1-9　W3C（2009）

图 1-10　微软 IE5 浏览器

图 1-11　aviary

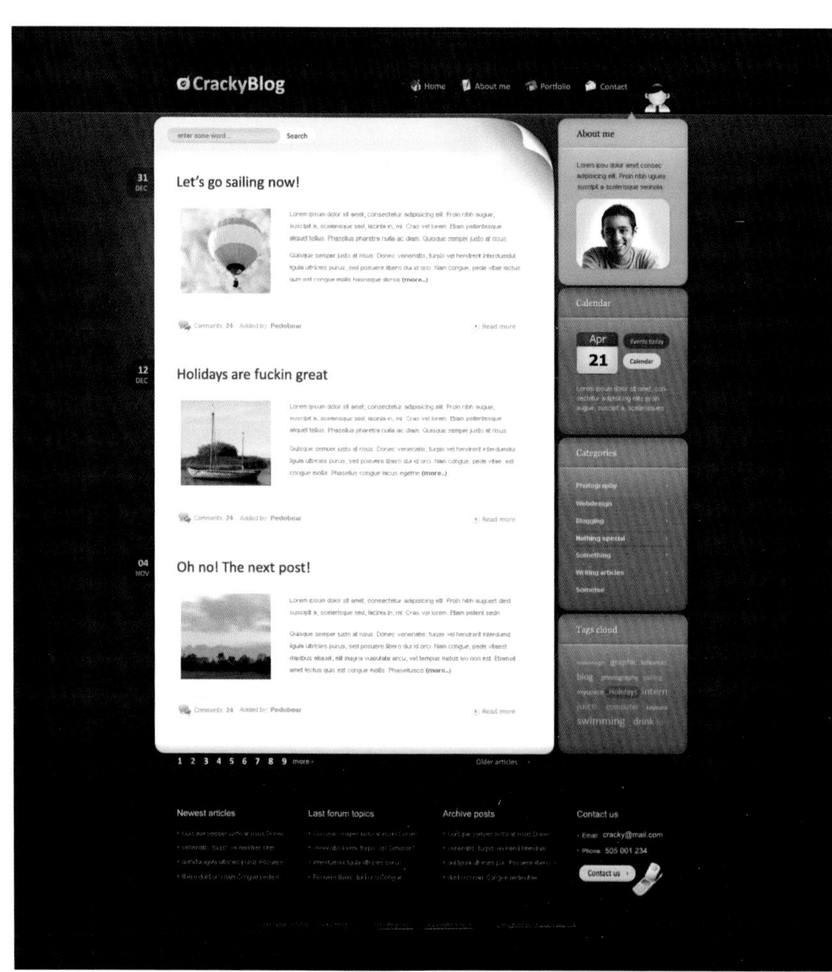

图 1-12　web2.0

1996 年，Flash 技术开始崛起，最初被称为 FutureSplash Animator，后被 Macromedia 公司引进(2007 年又被 Adobe 公司收购，改名 Adobe Flash)。Flash 让动态交互网页成为可能，并迅速地吸引了网页设计师的眼球，随后的几年，Flash 动画作为当时最热门的设计形式应用于网站设计中。(图 1-6、图 1-7)

1998 年，PHP3 发布，动态设计语言 PHP 得到了普及，并迅速流行。

2000 年，CSS(Cascading Style Sheets)即层叠样式表，登上了历史舞台。CSS 具有可以将网页内容与样式分离，网页文件体积小等优点，成为 Flash 的一大竞争对手，全面占领了主流网页（图 1-8、图 1-9)。微软 IE5 成为首个全面支持 CSS 网页的浏览器。(图 1-10)

21 世纪早期，JavaScript 崛起。网页设计师开始摒弃表格，转而使用 JavaScript 来构建网页布局，它可以成功地向网页中添加智能对象，这样，设计师在没有 Flash 的情况下，也可以设计动态菜单、计算数据等。(图 1-11)

语义网的诞生掀起了一场网

页设计运动，希望计算机能像用户一样理解网页。W3C 通过语义网利用色彩与程序的运算来满足每个用户的体验需求。语义网设计师试图通过插入计算机可读的元数据网页和与之相关的超链接来实现这一目标，从而使计算机更好地识别网页。但是，语义网并没有满足设计师对于网页设计的希望，因而，更多的技术被相继开发出来，例如 RDF、XML、N3、TURTLE、N-TRIPLES、OWL 等。

web2.0 的出现，使网页设计开始走向交互内容和网络应用程序的道路。设计师为了实现内容流畅传递和应用程序的开发，对 JavaScript 和 XML 高度重视。网页中的交互式内容无须刷新页面就可更新，网页设计的重点是更多地关注宣传对象的文章和图片等形式，从而使一些吸引用户参与互动、让用户分享信息的社会化网站在互联网上大放异彩。（图 1-12）

当前的网页设计形势已经进入了移动互联网时代。移动设备数量的增长、智能手机和平板电脑的崛起驱动着移动互联网的普及，网页设计也不再受限于桌面和浏览器的兼容性了。（图 1-13）

当下这个时代，互联网的飞速发展潜移默化地改变着我们的行事方式，生活中的事情越来越多地依靠网络来解决，因为它让我们更直观、更快捷地了解各类信息和找到自己所需，而主要的解决途径就是依靠网站。从 20 世纪 90 年代早期的雏形到现在的移动互联网，网站网页的设计经过二十多年的发展，已经取得了长足的进步，其由最初单调的白色页面和蓝色的链接到现在设计风格的多元化和设计理念的变化，这一切都是随着平台的变化和技术的进步而与时俱进的。所以只有将未来的技术发展

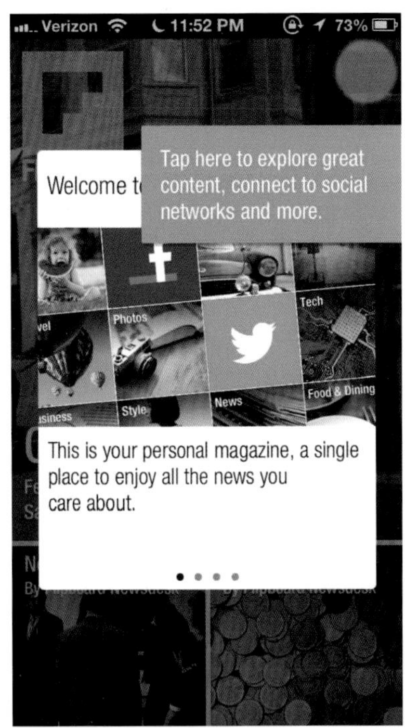

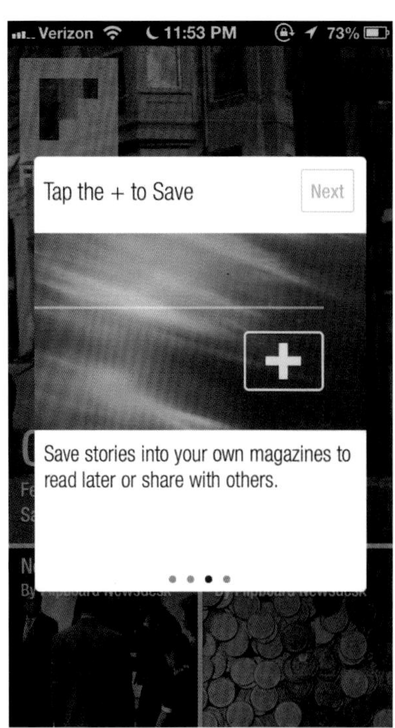

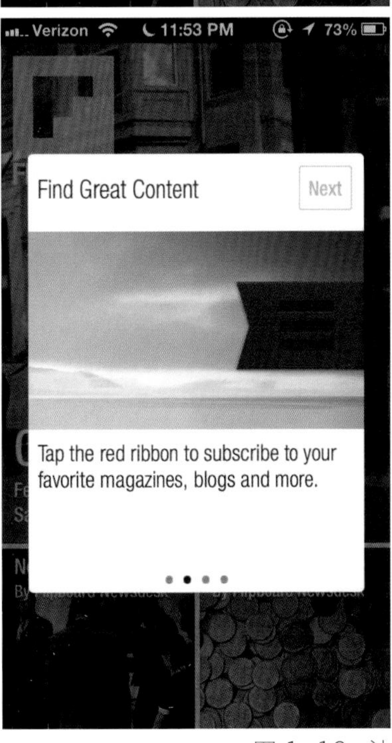

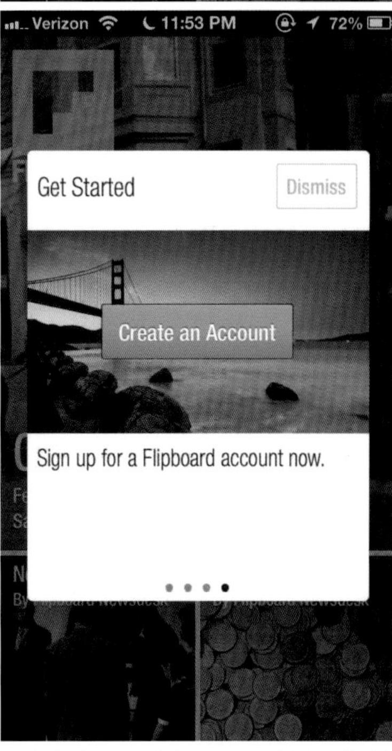

图 1-13 社交杂志 Flipboard 的 app 引导页设计

和不断变化的网络文化结合起来，网站网页的设计才能得到持续的幻化与新生。

网站和网页

网站是互联网时代的通讯工具，我们所接触的互联网就是由成千上万个网站组成的，人们可以通过浏览器去访问网站，获取所需的资讯或借助网站得到相关的服务，一些机构和个人也可以通过网站发布公开的信息。

网站大小、类型各有不同，有的结构庞大，链接繁多，有的内容较少，只有几个页面。当浏览者进入某个页面时，会看到文字、图片等信息，有的还会配有声音、动画、

视频等元素，这样的页面被称为网页。网站就是由许许多多这样的网页组成的。

我们所看到的网页实际上是一个存放在某台与互联网相连接的计算机上的文件，网页是靠网址(URL)来识别的，当我们在地址栏中输入网址时，通过网络的传输，网页就会在浏览器中打开，呈现在你的眼前。

作为网站基本元素的网页，一般又可以分为首页、栏目页和内容页等。首页是一个比较特殊的页面，是网站的重要组成部分，类似于店铺的门面；栏目页是仅次于首页的部分，是连接首页到具体内容页之间的过渡页面，起到了网站导航的作用；内容页顾名思义，就是展示网站最终内容的页面，也是网站最基层的页面。

网站的类别

我们在浏览网页时可以看到，不同网站的内容和风格千差万别，它们的信息量、针对性和功能性决定了网站属性的不同，所以，我们按照网页用途和服务内容划分，可以分为以下几种类型。

资讯门户类网站

资讯门户类网站又可以称为综合性网站，这类网站以提供信息资讯为主要目的，它的主要特点就是信息容量较大、访问量较高、时效性较强、受众群体范围较广，是目前最普遍的网站类型之一，例如新浪、搜狐、网易等综合性网站。这类网站主要强调功能性，以文字、图片的链接为主，在整体形象和版式设计上往往追求简洁、大方的风格，不做过多的装饰和个性化表现，以适应不同访问群体的欣赏口味。(图 1-14)

图 1-14

图 1-15

企业品牌类网站

企业品牌类网站是企业通过互联网这个平台展示其品牌形象、产品及其相关服务的网站，主要面向特定的消费群体，带有明显的商业目的。例如 Apple Store 中国官方网站、MINI 中国官方网站、宜家家居网站等。这类网站设计注重自身品牌形象和经营理念的宣传，图片展示和文字内容的排布清晰、明快，也常融入多媒体广告，以及与客户群的互动等形式，增加其品牌的可信度。(图 1-15)

图 1-16

商业交易类网站

商业交易类网站又可以称作电子商务网站。在互联网时代的背景下，电子商务网站得到了空前的发展，通过互联网来完成商务活动，已经广泛深入到大众生活当中。这类网站的特点就是以实现商业交易为目的，以商品的展示、订单的生成和执行为流程，例如淘宝网、亚马逊等网站。还有一些企业为了配合其营销计划而搭建的电子商务平台，也属于这类网站，如苏宁易购、国美在线等。(图 1–16)

图 1-17

政府机构类网站

政府机构类网站是包括政府、行政部门、社会团体、协会、宗教等方面的官方站点，是这些组织对外宣传和发布信息的媒介，为人们提供一个特定范围内的信息咨询、交流和服务的窗口。这类网站在注重功能性的同时，也很注意树立自身形象，风格多庄重、严肃，又富有亲和力。例如中华人民共和国卫生部网站、WWF（世界自然基金会）网站等。(图 1–17)

行业信息类网站

行业信息类网站是为某些专门的行业和满足某类专业人群的需要而建立的网站，这类网站的特点是针对性强、专业特征明显，为其特定的行业提供最新的资讯，信息量丰富，内容更新频率较高，例如汽车之家、设计在线等网站。由于行业的差别，所以在设计上有着不同的定位，往往会带有强烈的专业风格。(图 1–18)

图 1–18

娱乐休闲类网站

娱乐休闲类网站的典型特征就是娱乐性。因而，此类网站十分关注对气氛的渲染，页面的设计通常会绚烂夺目、动感十足、风格变幻多样，往往会结合动画和音效增强感官刺激，或以丰富的节目内容吸引访问者。现在炙手可热的一些游戏类、影视类、视频类、音乐类网站大多属于此类。(图 1–19)

图 1–19 《倩女幽魂 2》官方网站

图 1-20 中国国家博物馆官网

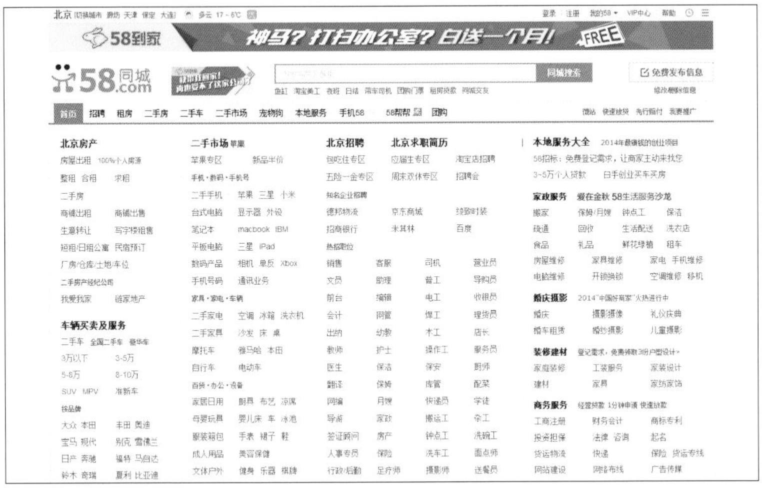

图 1-21 58 同城

图 1-22 新浪微博

文化教育类网站

文化教育类网站是一些文化部门、教育机构、艺术团体等宣传相关信息的窗口。同样，也为想了解相关知识的人们提供了一个自我学习的平台，内容多以宣传自身机构的信息和普及文化知识为主，具有相关的专业性和文化内涵，因而，这类网站的设计常显现一种精美而严谨的风范。（图 1-20）

生活服务类网站

生活服务类网站也是一种资讯类网站，主要是为某些有特定需要的人群提供相关信息。这类网站以服务性为前提，以发布时效性较强的资讯为主要内容，同时也会带有某种地域性特征，例如 58 同城、智联招聘等网站。（图 1-21）

个人兴趣类网站

个人兴趣类网站是指个人或者小型私人团体，为了宣传个人兴趣、推介自己以及分享生活感受、作品等相关内容的网站，这类网站不一定是个人制作的，但却以发布个人信息为主，例如微博、个人论坛、个人主页等。这些网站已经非常流行，内容也偏个性化，风格较自由，没有诸多的限制。（图 1-22）

网页的分类

我们在浏览网页时，大多数网页只提供给浏览者普通的阅读模式，即只可以浏览页面的内容，而无法修改。但是，还有一部分网页，它们会定时自动更新，即随着实际情况做出不同的变化，在这种网页中，交互性就被凸显出来。因而，从网页的形态和交互性来看，网页又可分为静态网页和动态网页。

静态网页

静态网页一般是通过网页设计软件一次性制作出来，页面上的内容相对固定不变，如果更新页面信息，只能通过手工修改的方式。静态网页是标准的HTML文件，当访问者浏览这种页面时，服务器会将这个事先制作好的HTML文件传送到访问者的浏览器上，也就是说，这个文件是保存在服务器上的单独页面，每个页面都有相对独立的URL，一般是以.html或.htm为文件的扩展名。这种静态网页由于内容相对固定，所以较容易被搜索引擎找到，但是在网站制作和后期维护方面相对繁琐。另外，静态网页也不是完全“静态”的网页，它的页面上不但可以存放文字、图像等信息，还可以出现声音以及各种动态的效果，例如FLASH动画、GIF动画、滚动字幕等。

动态网页

动态网页是一种具有交互性的、可以自动更新的页面，它能够根据不同的浏览者，或者浏览时间的不同，呈现出不同的页面。动态网页不是保存在服务器上的一个独立页面，它是以数据库技术为基础，通过网页脚本与语言自动处理来自动更新页面的。例如，我们常见的论坛中帖子的更新，就是通过网站服务器运行程序，自动处理信息，然后按照流程更新网页。动态网页一般是以.asp、.aspx、.php或.jsp作为文件的扩展名。运用动态网页，可以实现网站用户的注册和登陆、上传信息与回复、网上购物以及订单管理等。

静态网页和动态网页并不是矛盾的，很多网站都是采用静态与动态网页相结合的方式，静态网页是网站建设的基础，动态网页又是网站建设的有益补充，将二者结合起来，才能够充分展现网站的交互性功能。

网页设计的要点

网页设计不仅要清楚、明确地传达所承载的各类信息，也要建立浏览者与网站界面之间的互动体验，这种综合性的体验主要来自网站界面本身的形式美感，所以，网页设计与其它各类视觉传达设计一样，都要遵循一些基本的审美法则和设计方法。

风格定位

风格，指的是艺术上的独特格调，或者说是一种艺术形式展现出的视觉面貌。网站的风格就是指浏览者对于这个站点的整体形象所产生的综合感受，它体现了这个网站的思想倾向和文化内涵。在网站的建设过程中，对风格定位的把握是网页设计的前提。恰当的风格会让浏览者印象深刻并准确地解读信息，如果设计师对网页的风格把握准确，那么，网站的设计就成功了一半。

网站的面貌千姿百态、包罗万象，但网站的类型和承载的内容决定着网页设计的风格和形式，形式与内容密不可分，只有二者完美统一，才能得到理想的视觉效果。例如，政府机构类网站的庄重、娱乐休闲类网站的活泼、文化教育类网站的优雅等，就是一种风格的定位。风格的形成又是由网页中的版式、色彩、图片的编排，声音、动画元素的渲染以及互动体验等方面所决定的。

整体统一

整体统一原则是一个网站展现自己独特风貌的重要表现手段，也是形态构成学中最基本的原则之一。为了维系整体形象中的和谐性，就需要把组成元素中的差异性减弱，突出一致性并强化重复语言。重复是指事物有规律地反复出现，从而形成一种有节奏感、秩序感的统一效果。通过这种步调一致和整齐划一的行为，可以保证网站整体的完整性。

要保证网站的整体统一性，可以从页面的布局入手，首页、栏目页、内容页等各级页面的版式遵循统一的风格。例如，使用同样的背景；页边距保持一致；标志位置的统一放置；标题与普通文本的字号、图片与段落文本之间的空隙统一等。在色彩上也需要保持一致性，明确配色方案，要有主色调的倾向，并注意色彩搭配的和谐。此外，网页中的导航栏、图标设计、装饰图案、图片剪辑等各个元素与整个网站风格的搭配，也是不容忽视的。

功能性

网页最重要的功能就是传递信息，并要求信息传达的准确和及时，让浏览者在最短的时间内获取所需要的资讯，这需要充分考虑到人机的交互体验。采用能让浏览者接受的导航模式，方便他们在网站里遨游,用这种思维设计出来的网页,才能给用户一个轻松愉快的浏览经历。有些网页过分追求酷炫的动画效果和图像的精度,忽略传输速度,导致网页浏览不畅,还有些网站片面地强调设计的形式感或者页面排列混乱,不容易找到导航的位置,让浏览者犹如进入了信息的"原始森林",很容易"迷路"……这种忽视用户体验的网页设计,我们要尽量避免。

强调重点

无论何种类型的网站,都要给浏览者提供一定的有价值的内容,这就需要网站信息条理清楚、界面干净整洁,当然,更为重要的是强调重点。在一个网站里,当有很多重要程度不同的内容要展现时,就必须首先分析它们的全部,采用分级的方式,围绕"重点"这一原则来规划,这样会使页面的视觉层次结构清晰地反映出网站要引导的重要信息。避免突出所有内容,使浏览者陷入层次的迷雾中,突出一切即没有突出任何重点,结果是无效的。所以,设计者在设计网页布局时,需要做的是有意识地强调哪些元素应该视觉优先,让想强调的元素成为吸引浏览者眼球的焦点。

通过把复杂的结构归纳为浏览者视觉上比较容易接受的形态,基于信息结构的分析,将要素按照重要性来分级,这样就可以突出强调主要部分来引导浏览者。

对比

对比是较为常见的形式美法则之一,它是指两个或者多个元素之间的视觉差异,元素之间的对立成分越明显,对比越强烈。同时,这些元素之间也会存在相互吸引、相互衬托的关系。恰到好处的对比会增强刺激性,使人们的心理产生愉悦的美感。在设计中,可以运用的对比因素非常多,例如形态的大小、方向、疏密、色彩、质感等。但是,过分强调对比会造成刺激过度,给人眼花缭乱的感觉,所以,通常用调和的手段来补充,调和即是协调各个因素之间的对立,最终达到和谐的一种手段,与对比是一对矛盾统一的关系。

对比有强弱之分,强对比的元素之间可能是截然不同的,而弱对比看起来相似性成分较大,有时很难区分。在网页设计中,我们常见的对比形式往往会出现在网页配色上、图片的尺寸上、字体和字号的选择上,以及网页的布局上,等等。对比的手法能够吸引浏览者的眼球,引导其驻足停留并深度浏览,也是网站设计中强调重点的常见手段。

平衡

平衡是指由一个支点支撑的两端所承受的重量均等,从而得到力学上的平衡状态。在形式美法则中的平衡并不是简单的指重量乘以力矩的关系,而是靠各种视觉要素的分布来营造出视觉心理上的平衡感,视觉要素被组织在一起,就会形成视觉重量,当设计中的某个局部汇聚了一定的视觉重量时,其他部分就也要用相当的重量来抵消,否则就会造成不稳定感,所以,平衡的设计手法会给人带来一种心理上的稳定感和安全感。

平衡的表现方式主要有两种,一种是对称,另一种就是不对称,或者称为均衡。对称平衡表现在组成元素平均分布在一条轴线或是某个点的两边,且形态相同或者相近。对称的平衡在视觉上给人以整齐、庄重、典雅的感觉,但是运用不当,也会有单调、死板之感。均衡式的平衡相对活泼,它不追求轴线或者支点两边的等形、等量,更强调心理上的均等之感,例如,画面中的某个部分排列了几个大块面,另一边就多放一些小的元素做补充,使画面稳定中又富有变化。

网站网页的设计制作流程

不同类型的网站风格各异,它们的信息量、建设规模、功能和访问群体也不尽相同,但是要想开发和设计出一个好的网站,都必须遵循一个基本的设计制作流程,这是一个较为庞大的系统工程,需要设计团队有步骤地、循序渐进地制作,才能完成整个网站的创造。

网站的前期调研和分析

进行网站的整体设计,前期的调研和分析是至关重要的。一个美观、实用、又有亲和力的网站,首先应该考虑到客户的需求,认真听取他们的要求,再了解客户开发网站的目的是什么;希望在网站上提供什么信息;目标对象是什么样的人;访问者在浏览网站时,通常会寻找些什么;同类网站的设计情况如何等。这些调研工作的充分与否,关系着整个网站设计方向的准确性,是不可逾越的必要步骤。

网站的设计策划

在庞大纷繁的网络世界里,一个网站要吸引浏览者的注意,除了具备必要的信息功能外,还需要有独特的视觉面貌和界面设计风格,这样才能利于网站推广,使信息得以有效传播。因此,在完成前期调研和分析的步骤以后,对网站的设计策划就提上了日程。

这里首先需要认清网站类型,不同类型的网站,风格走向也是不尽相同的，要准确地营造出这类网站的气氛，还需要了解相关行业的知识，在同类网站中寻找感觉，确定适合的风格定位。在色彩的选择上，尽可能地适应网站的气氛，多利用色调的对比、色彩的鲜灰明暗来表达特定的主题。此外，网页中动态元素的使用程度和交互性的强弱，也会引导着网站的风格走向，带给浏览者不同的心理体验。

网站的结构规划

经过了之前的设计策划，对网站需要展示的内容应该大体确定下来了，接下来是要对这些内容进行整理和对网站架构的确定。

在这个步骤里，可以先用手绘草图表达，因为这个过程往往要经过反复修改，并与客户进行探讨，修改的更多是结构布局、内容层次上的问题，而不是视觉表现。在这些草图中，又可以分为页面的结构图和站点的结构图两种。页面的结构图是指网站中每一个页面上显示的内容的布局安排，它要求结构清晰、易于导航，不但要让浏览者明确页面上的内容信息，也要能清晰地辨认出该页面在整个网站中所处的位置，防止浏览者迷失方向。而站点的结构图是一个网站内容组织的流程图，它显现出的是首页、栏目页和内容页等各个页面的所属关系和层次关系。有了这些结构图的规划，可以让整个网站初见端倪，也为之后的视觉表达做好了铺垫。

网页的视觉设计与制作

网页的视觉设计是把之前对于网站的所有规划，变为浏览者所见到的网页面貌的过程，这需要设计师们在整体策略的引导下，充分发挥视觉设计的表现能力，根据网站的类型确定设计风格，并将其整体地运用到网站设计中去。这个过程对于设计师来讲，是网站设计中最为重要的部分，设计的细节众多，需要将所有的视觉元素统一为一个和谐的整体，给浏览者带来一种舒适的视觉感受。当然，这其中也结合了大量的技术制作，包括交互设计和动态元素的运用等。

网站的发布与调试

网站的发布是网站设计的最后一个步骤，但并不意味着网站的开发就此结束，它还需要一段时间的运行和调整，以及后续的维护和更新。

思考题

1. 从用途和服务内容角度，回顾网站的几种类型。
2. 从网站设计的整体角度，分析网页设计的要点。
3. 网站网页的设计制作流程是什么？

第二章

网站网页的设计元素

图 2-2

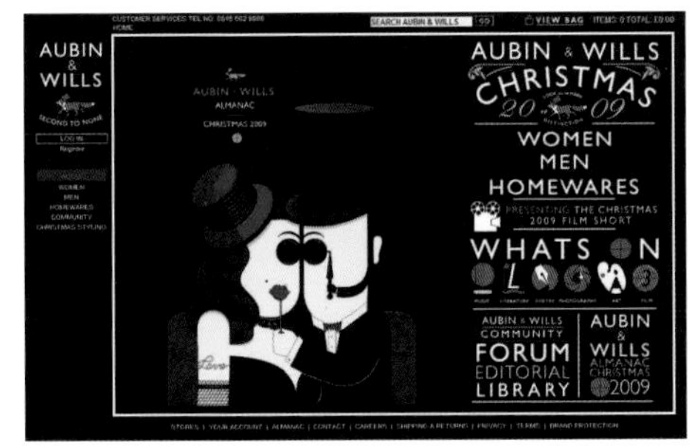

图 2-1

在这个互联网高速发展的时代里，信息和知识的传递也更加快捷，这让我们的生活更加便利，很多事情也更容易完成，而网站就成了传递信息和为人们提供服务的重要载体。随着互联网的崛起，广大商家、组织机构和一些个人都会利用这个媒体来扩充自己的影响力，电子商务、社会团体、公益组织、个人形象推广等网站纷纷登上舞台，网站成为我们生活中必不可少的媒体。网站网页的设计也成了设计行业里的重要领域，在这章里，我们主要介绍的是网站网页中包含的主要设计元素，以及它们的特点和作用，这些设计元素都会以不同的组合方式、大小和形态呈现出来，它们反映着整个网站的设计风貌，网页设计师在使用这些元素时应该有明确的目的和清晰的设计意图。

Logo 组合

Logo，即标志、徽标的意思。它是视觉识别形象系统的核心，对标志的拥有企业、机构起到识别和推广的作用，是构建其品牌文化的必要元素，通常会与企业、机构名称的标准字体组合在一起应用，所以，这里称为 Logo 组合。

很多企业、机构看重网络的影响力和覆盖力，大力构建网络的宣传方式，其品牌形象也就延续到网站的建设中。Logo 组合应用于网站设计中时，需要把握住品牌形象的内涵与网站整体风格的统一关系，既要有鲜明的识别性，又可以依据网络媒体的特点变换呈现的形式。（图 2-1）还有一些网站是随着网络媒体的发展而建构起来的，有强烈的网络特点，它的 Logo 组合也会充分利用网络媒介的特性，设计形式更为灵活，增加了动态可变性的特点。（图 2-2）

在传统的网页布局中，Logo 组合常放置于左上角的页眉处，这样看起来既醒目大方，又不会影响其他网页信息的排布，因此，至今仍为多数网站所采用。(图 2–3) 但对于一些追求鲜明个性，信息量又不庞大的网站来说，也可以采用更为多变的布局位置，这也会更加凸显出网站的视觉表现力。(图 2–4)

图 2–3

图 2–4

宣传语

宣传语又称广告语，是指广告主通过各种传播媒体向社会公众推介自己，介绍其服务目的、商品特点、文化内涵等信息内容的一种宣传用语。宣传语应抓住重点、简明扼要、高度概括、明白易懂、容易阅读，内容不可太抽象，要便于记忆和流传。在形式上没有太多的要求，常以单句或对句的形式出现，但需直接高效地向公众表明其诉求点。

在网站的建设中，宣传语这个设计元素也发挥着极其重要的作用，因为网站的访问者对网站的关注时间不会太长，在这个快速沟通的过程中，需要网站组织者能够用简短的话语，明确地说出自己的用意和要推介的信息，这会给访问者们留下一个专业、高效的印象，使其愿意花时间去浏览和接受网站的服务。如图 2–5，是一个设计师的个人网站，宣传语 Let’s create something fresh(让我们创造一些新鲜的东西)，简短、明快地说出了网站的目标。又如图 2–6，麦当劳网站直接打出“新品胡椒双层汉堡，现在品尝仅需 2 美元”的宣传语，语言直接，但传播高效。

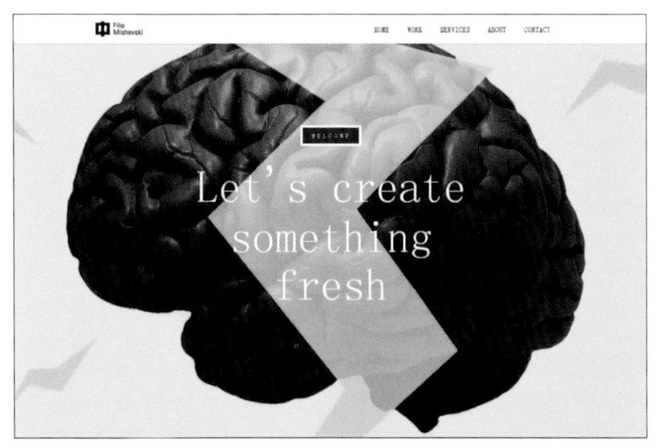

图 2–5

总体来说，宣传语这个设计元素，能够向访问者快速表达网站意图，对网站组织者和访问者都极具价值，如果能够做到语言精练，传达信息清晰，一定会得到所期望的效果。

文字

文字作为网站上的数据和内容组织形式，是一种最为常见的信息传递元素。网站的设计风格千变万化，有的突出图像的表现力，有的用图形和插画语言营造个性化网站特色，还有的用酷炫的动态特效或者视频吸引浏览者的眼球，但文字始终是网站必不可少的设计元素。网站上的文字与印刷设计中的文字不同，它对文字的编排是通过编写 HTML 或 CSS 代码，再经过浏览器编译后显示在屏幕上的，所以我们在设计中并不能像印

图 2–6

图 2-7

图 2-8

刷作品那样，直观地看到编辑出来的样貌，但仍需设计师排除这个不便因素来进行设计、排文。优秀的文字排列，能让浏览者清晰地看到网站的视觉层级，吸引他们的注意力，有效地传递信息。(图 2-7)

在网页设计中，对文字的编辑需要考虑以下四个方面的问题。

字号的选择

字号是指字体的大小，一般以磅(Point)或者像素(Pixel)为单位。字号的大小会影响信息的可读性。网页中的文字是通过屏幕显示的，会受到屏幕分辨率的影响，字号越小或者笔画细节越多，失真度就会越大。通常一个网页中的文字要选择几种不同的字号，这是为了区分网页中信息内容的主次和层级关系。字号较大的文字，更具有支配性，它的信息显示也会更为显著。如果想要强调一些文字，让它们脱颖而出，也可以将文字加粗，粗壮的文字能有效地吸引浏览者的注意。

字体的适应性

由于网页中的文字大多是从浏览者本地的计算机字库中提取并显示出来的，如果设计师采用的字体较为特殊，在浏览者的计算机中无法找到类似的字体，就无法显示设计师原有的设计风貌，造成显示效果不佳。所以，通常建议正文的内容采用电脑缺省的字体，这会相对安全，例如中文字体的宋体、仿宋、黑体、楷体等，英文字体的Arial、Arial Black、Times New Roman、Verdana 等。另外，在同一个页面内，设计师最好选择不超过三种以上的字体为宜，因为各种字体的形象有别，常会表现出不同的字体性格特征，如果字体选择过多，容易破坏整个网站设计的统一性，页面也会显得凌乱无序。

文字的编排

网页中包含的信息大多数是通过文字传递的，这类文字通常是以文字组的形式存在。因此，在各类网页版面构成中，我们看到了很多富有变化的文字组合方式，有的遵循了一定的秩序，富有规则的美感;有的自由灵活，富有跳跃的动感。总结起来，有五种形式较为常见。

1. 左对齐或者右对齐

左对齐或者右对齐的排列方法是指一段文本的最左侧或者最右侧统一在一条垂直的轴线上，而另一端则依据该行文字数量的多少，最后形成长短不一的结果，如图 2-8 的文字为左对齐排列。

2. 两端对齐

两端对齐是指一段文字中每行无论字号大小和字数多少，都进行两端对齐排放，使整个文本段落组成一个规整的区域，如图 2-9 的下端文字。

3. 居中排列

居中排列是指一组文字的每一行都以一条中心轴为基准，首尾两端对称，文字居中排放，整段文字看起来有一种向心力。（图 2-10）

4. 自由排列

自由排列是让文字组摆脱束缚，追求一种自由、灵活的排放方式，使页面生动活泼、不拘一格，但仍需要考虑到整个网页版面的分布和均衡感。（图 2-11）

5. 图文混排

当网页版面中的文字需要与图片配合起来传达信息的时候，文字的排列就显得不再单纯了，图文混排看起来要让图片与文字融为一体，它们之间可能产生叠压关系，也可能让文字环绕图片排放，或二者并置在一起形成一个组合，这些方法可以依据网站的总体风格来选择。（图 2-12）

艺术文字的图形化

网页中的文字除了进行信息的传达外，也具有图形化的艺术特征，它们在整个网站中不但起到了装饰作用，更有利于树立网站独特的视觉形象，吸引浏览者的关注。这往往也超出了常规电脑字体所能达到的标准，如果想用这类特殊设计的字体来体现与众不同的风格，可以将其转换为图片格式，将需要这种字体的地方用这个图片来替代，以确保所有浏览者都能看到相同的网页效果。如图 2-13，设计师在这个网页中选用了多种字体的混合，传达了一种优雅、谦和的感觉，尤其是下端的艺术文字给网页增添了不少节日气氛。

图 2-9

图 2-10

图片

图片是当前每个网站设计中都具备的重要元素之一，因为它的存在能够增加网页的吸引力，使网页显得丰富多彩。同时，图片具有直观性强的特点，这也大大提升了网站浏览者的感官体验，图片量大的网站，会传递给浏览者更为丰富的信息。巧妙利用图片资源，会让网站魅力十足。

在网站设计中运用图片，对网站设计来讲却有着十分苛刻的限制，网站中所使用的图片都是位图图片，也就是由相当数量的像素所构成的图像，分辨率越高

图 2-11

图 2-12

图 2-13

的图片，所包含的像素也就越多，图片也就越清晰，随之文件的大小也就会增加，而它的大小决定了在浏览器上下载和显示的时间。当然也有用户网速的因素，如果等待下载的时间过长，浏览者可能会失去耐性而放弃等待。另外，网页中的图片只用于在屏幕中显现，分辨率只需要 72dpi，而并非印刷标准的高分辨率，所以，上传到网站上的图片都是经过压缩的，可在保证图片质量的前提下降低文件的大小，以便于浏览。选用不同的压缩方法就会生成不同格式的图片文件。目前，网站中最常选用的图片格式主要有以下三种。

JPEG 格式

JPEG 格式的全称是 Joint Photographic Experts Group（联合照片专家组），是最常用的图像文件格式，它是一种有损压缩的格式，在压缩过程中会除掉多余的图像和颜色数据，因此，能够将图像压缩得很小，但是只要把握好文件压缩的程度，这个损耗是不易被人的肉眼察觉到的。JPEG 格式压缩的主要是高频信息，对色彩的信息保留较好，适合应用于互联网，可节省图像的传输时间，它还可以支持 24 位真彩色，也普遍应用于细节丰富、色彩过渡自然的图像。目前 JPEG 格式是网络上最流行的图像格式，各种浏览器均支持它，因为它可以把文件压缩到最小，下载速度也较快。

GIF 格式

GIF 格式的全称是 Graphics Interchange Format（图形互换格式），是早期网页浏览器支持的图像文件类型。GIF 文件的数据，是一种基于 LZW 算法的连续色调的无损压缩格式。其压缩率一般在 50%左右。目前几乎所有相关软件都支持它，并有大量的软件在使用 GIF 图像文件。GIF 格式的文件是 8 位图像文件，最多为 256 色，不支持 Alpha 通道。GIF 格式产生的文件较小，因而常用于网络传输，在网页上见到的图片大多是 GIF 和 JPEG 格式的。GIF 格式的另一个特点是在一个 GIF 文件中可以存放多个彩色图像，如果把这些图像逐个读出并显示到屏幕上，就可构成一种最简单的动画。

PNG 格式

PNG 格式的全称是 Portable Network Graphics Format（便携式网络图形），是目前网络中较常运用的最新图像文件格式。PNG 能够提供长度比 GIF 小 30%的无损压缩图像文件，同时它还可以支持 8 位索引颜色、16 位的灰度以及 24 位和 48 位真彩色图像。因而，与 GIF 格式相比，PNG 格式能够体现更加丰富的色彩，但也导致了文件大小的增加。由于 PNG 格式较新，所以目前并不是所有的程序都可以用它来存储图像文件，但 Photoshop 可以处理 PNG 图像文件，也可以用 PNG 图像文件格式存储。

在当下网站的设计中，较为常见的图片应用是依据网页的整体布局，在特定的内容区域里显示，虽然较为大众化，但这可以更为直观地向浏览者传递视觉信息。如图 2-14，是一家名为 AUBIN & WILLS 的购物网站，在页面的中心区域，按照事先规划的网格布局，将商品的图片逐一显示，给消费者提供了较为清晰的浏览。也有一些追求潮流的设计师，喜欢将触动人心的图片当做整个网站的背景，当浏览者刚进入网站的那一刻，即被华美震撼的图片所吸引。如图 2-15，是一家餐厅的网站，相信刚进入该网站的消费者们，就会被餐厅优雅的格调和诱人的食物所迷倒了。

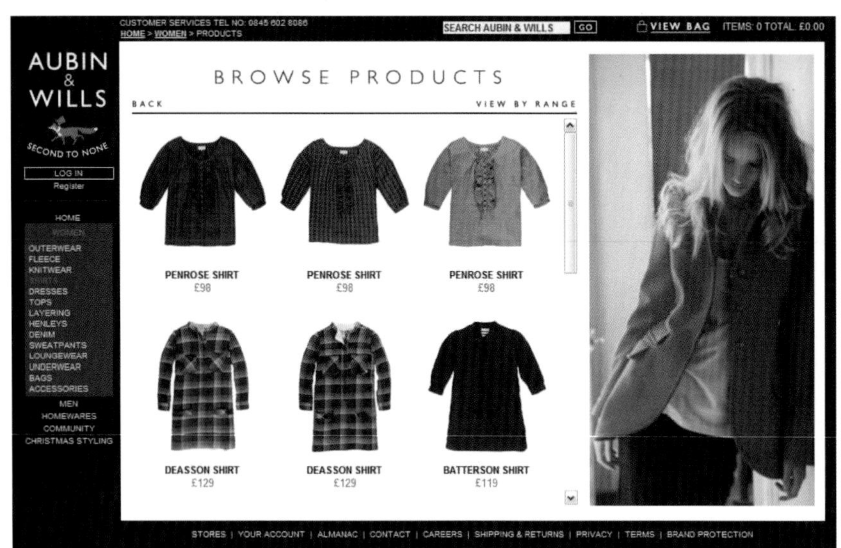

图 2-14

图 2-15

图标

图标是一种具有标识性质的图形，它也是标志的一种延伸类型，具有浓缩指代意义、迅速传达信息、便于记忆等特点，它通常是由一些大小、形态、颜色和风格不尽相同的图形组成，可以利用较小的空间，传达较多的信息。图标的应用范围十分广泛，从广义上说，具有指代意义的图形符号都可以称为图标，大到国旗、国徽，小到公共场所的指示系统等都属于图标的范畴。在网页设计中，图标就相当于一个具有功能性的标识，它可以代表一个栏目、一个功能或者一个命令，同时它又是一种图形语言，可以替代文字，使各个国家不同语言的浏览者都能够明白其代表的含义。例如，在一个网页中，你看到了一个放大镜的图标，那你就很容易明白它是一个有关搜索和查找功能的图标。

在网页设计中，设计师会根据网站的风格和功能需要来设计不同内容的网页图标，我们常看到这些图标出现在网站的导航栏或页面中区分各个栏目的位置，以及一些功能性的链接上。好的图标设计，会与网页相得益彰，为浏览者提供更好的信息导览。图标的风格不仅体现着网站的形象，也会随着设计的潮流不断变化，相对于前些年流行的拟物化风格，当下的扁平化风格又成为设计师们追捧的热潮。此外，极简风

图 2-16

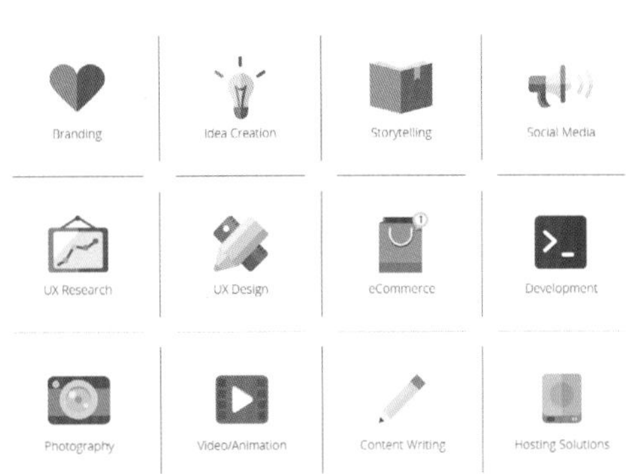

图 2-17

图 2-18

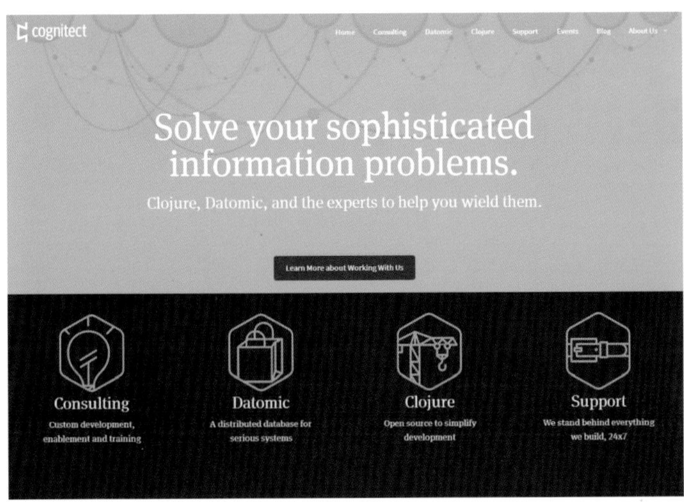

图 2-19

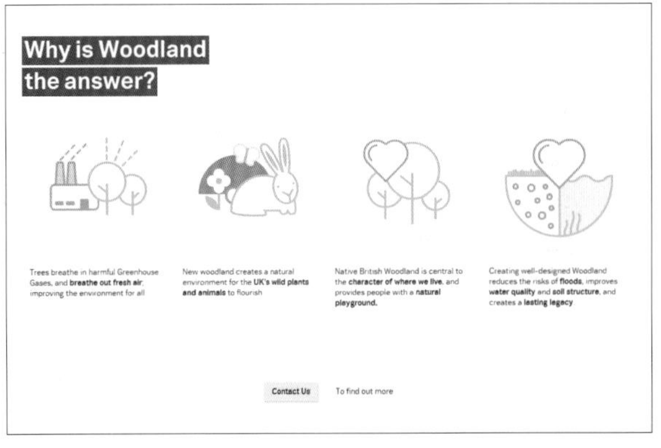

图 2-20

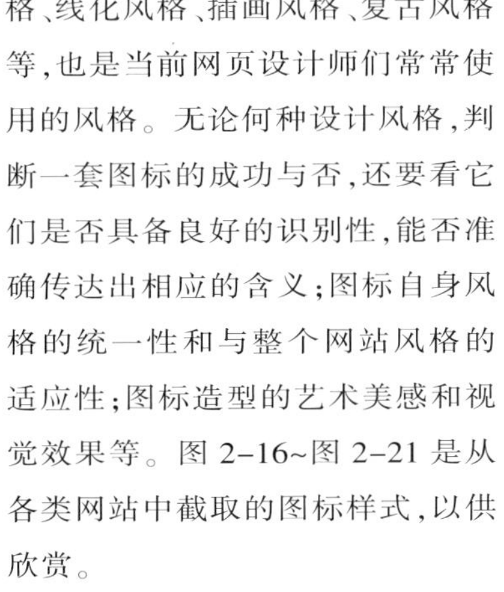

格、线化风格、插画风格、复古风格等，也是当前网页设计师们常常使用的风格。无论何种设计风格，判断一套图标的成功与否，还要看它们是否具备良好的识别性，能否准确传达出相应的含义；图标自身风格的统一性和与整个网站风格的适应性；图标造型的艺术美感和视觉效果等。图 2-16~图 2-21 是从各类网站中截取的图标样式，以供欣赏。

Print, logo & illustrations galore, I also design websites that you'll adore!

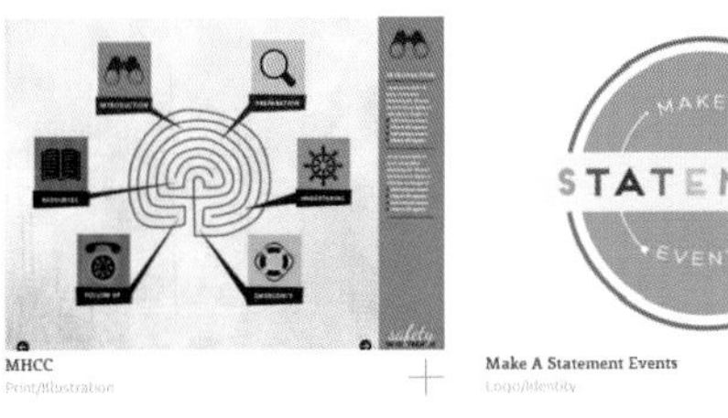

图 2-21

背景

网页中的背景是最容易被浏览者忽略的元素，认为它所发挥的只是衬托网站主体内容，烘托网站气氛的作用。但是，从网页设计师的角度来看，网页背景会创造一种独特的情境，并衍生出各种有趣的设计创意。

以实色填充背景的网站较为常见，它看起来干净利落，一直以来被喜欢简洁风格的设计师们所推崇，随着当前扁平化风格的流行，以实色为背景的网站日渐增多。（图 2–22）简单的颜色渐变，生动而不失优雅，却又不动声色地将网站的气氛渲染恰到好处。（图 2–23）如果再能融入一些图案元素，又会平添一种神秘的气氛。（图 2–24）纹理背景的使用也是一种不容忽视的设计手法，运用纹理是让网站拥有质感的最直接方式，能瞬间拉近浏览者与网站的亲近感。（图 2–25）还有一些设计师喜欢直接以照片为网站背景，一张全景的照片会让整个网站与众不同，表达的方式直接却令人振奋。（图 2–26）

此外，网站的背景也不一定非得是静态的，随着 HTML5 和 CSS3 的兴起，网站开发有了更多的可能性。越来越多的网站开始尝试用动画、动态影像作为背景，它会带给浏览者一种身临其境的感受，创造出独特的浏览体验。（图 2–27）

图 2–22

图 2–23

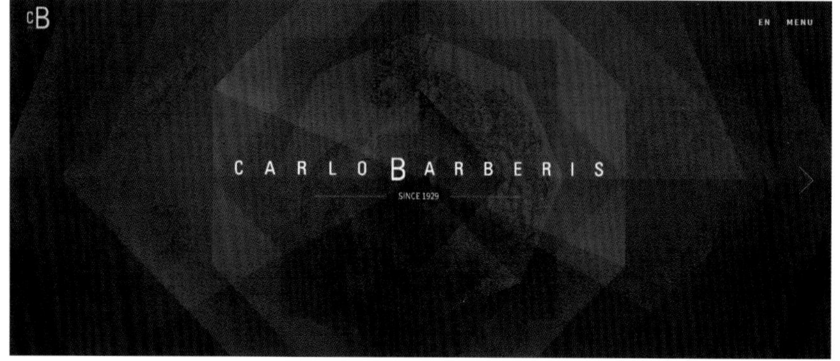

图 2–24

思考题

1. 网站网页设计中的主要设计元素有哪些？
2. Logo 组合在网站中有什么样的重要作用？
3. 思考文字元素在网页设计中的常见编排方式有哪些。
4. 试分析网页中图片的几种常见格式及其优缺点。
5. 思考网页中图标的作用和图标风格的运用。

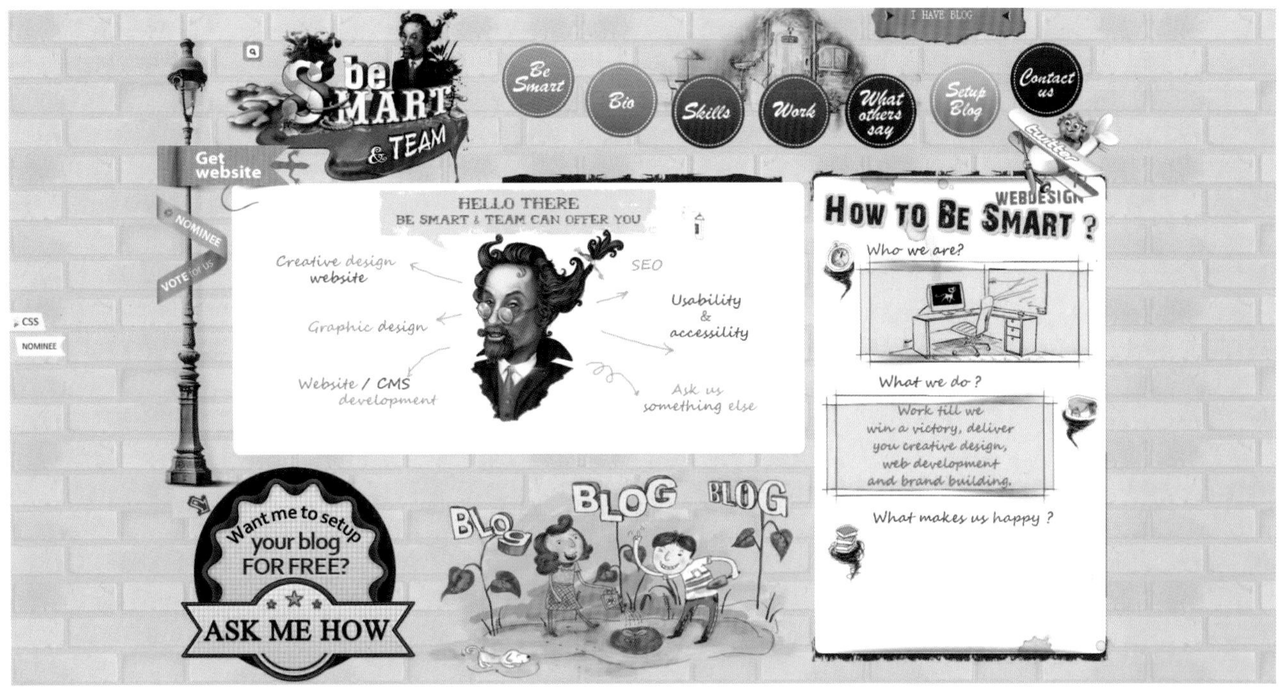

图 2-25

图 2-26

图 2-27

第三章

网站网页的结构元素

对网站做出结构分解，是一个了解网站设计过程的好方法。对网站结构的拆分，会使整个网站看起来非常直观，也可以简单理解为网站设计就是把这些看起来寻常的结构元素组装起来的过程，只不过需要设计师开启自己的灵感，运用新鲜的创意，将这些部件整合成一个有机统一的整体。

图 3-1

图 3-2

欢迎页面

我们通常把进入一个网站首页之前，首先载入的页面称为欢迎页面。它的作用是先给浏览者一个整体形象的展示或显现网站内容的必要信息，常以动画的形式来渲染网站的气氛。但是，欢迎页面不是网站设计的一个必要元素，现在也有很多网站取消了欢

图 3-3

图 3-4

图 3-5

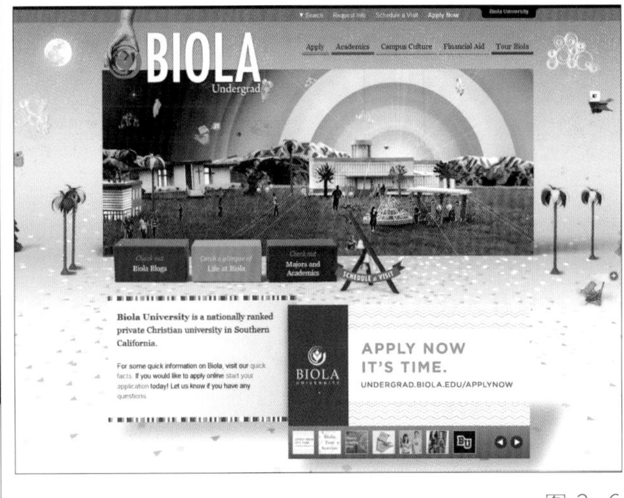

图 3-6

迎页面或者欢迎动画的设计，以迎合部分浏览者追求直接快捷的需求。欢迎页面的作用是迅速地展示网站的定位和它的品牌形象，让浏览者对网站有个先入为主的印象，再渐进式地引入网站的信息内容，看起来服务更为周到。一个既能取悦浏览者又不显得烦琐的欢迎页面，在设计上应该注重信息的简洁性，还要增加引导功能，不能让浏览者们等待太长时间，并能够使其迅速地找到进入网站正式页面的入口，在设计上也应该与整个网站的形象保持一致。图 3-1~图 3-4 是几个优秀的网站欢迎页面设计，以供欣赏。

首页

如果说首页是浏览者看到的第一个页面，可能并不严谨，因为一些浏览者可能会通过其他的链接，从网站的一些底层信息和内容看起。但是，首页是一个网站最核心的页面，这是毋庸质疑的，因为网站的精华内容全部呈现在首页上，也可以说它是一个网站内容的整合，是网站必不可少的重要结构，它的重要性是要做好整个网站信息的索引，要明确呈现出网站的标题、整体形象、主要的内容信息分类，以及用户登录、版权信息等网站的基础信息。(图 3-5)

在首页的设计上，首先要把网站承载的信息分门别类，让浏览者对网站包含的栏目和频道一目了然，保证视觉的流畅性，方便其在第一时间做出浏览选择。其次还要保证页面信息的版式布局合理，将图片预览、功能性栏目等安排在首页适当的位置，使其不受其他信息元素的干扰。最后就是要把设计风格定位准确，虽然首页并不能代表网站视觉形象的全部，但是却可以引导之后各级页面的风格走向。(图 3-6)

导航栏

网站中的导航栏，等同于菜单栏、选项卡，在网站设计中占有举足轻重的地位，它好比是网站里的导游，引导着浏览者在网站中轻松地旅行，告诉他们这是个什么样的网站、都有些什么内容、可以找到什么样的信息等。

导航栏设计的重要性，体现在如何使其做好引导上，但如何将它安放在合理的位置，也是不容忽视的，这需要考虑到网站的整体布局、浏览者的使用习惯和设计风格的统一性。用丰富的装饰或者个性化的图形来装饰导航栏，可以让它在页面中更加醒目，但精炼的字体组合、简约的留白设计也可以营造出优雅、极简的格调。

导航栏从布局位置上可以分为顶部导航、侧边导航、底部导航。从设计特点上看，常见的形式有固定式、隐藏式、滑动式等。固定式导航栏是指我们在浏览网页内容时，导航栏可以保持在原位，它的特点是方便随时切换栏目，如图 3–7。隐藏式导航栏是指当鼠标经过时，才会弹出导航菜单，它的优点就是可以尽可能突出网页上的内容信息，不受其他元素的干扰，如图 3–8。滑动式导航栏是指在同一时间只显示一块菜单区域的设计样式，而其他的选项都可以暂时折叠起来，这种形式的导航栏不但能够节省网页上的空间，而且也会带给浏览者出色的点击效果，如图 3–9。这些导航栏的设计形式又不一定是单独出现的，设计师们可以根据网站互动效果的需要组合使用。

图 3–7　固定式导航栏

图 3–8　隐藏式导航栏

图 3–9　滑动式导航栏

按钮

网站中的按钮，大家都不陌生，它是完成网页中互动行为的主要工具，例如，一个页面到另一个页面的跳转或者是对表单内容的提交。它虽然常作为一个配角出现，但却是网站设计中最受人关注的元素，因为点击按钮就代表在操作网页的某一个指令，同时也会得到一个相应的结果。成功的按钮应该在网页中凸现出来，抓人眼球，让浏览者有点击的欲望，并在跳转的过程中，享受到一种美妙的体验。(图 3–10)

在设计按钮的过程中，应该从网页整体风格出发，符合网站的全局设计基调，具体应从以下六个方面来考虑。

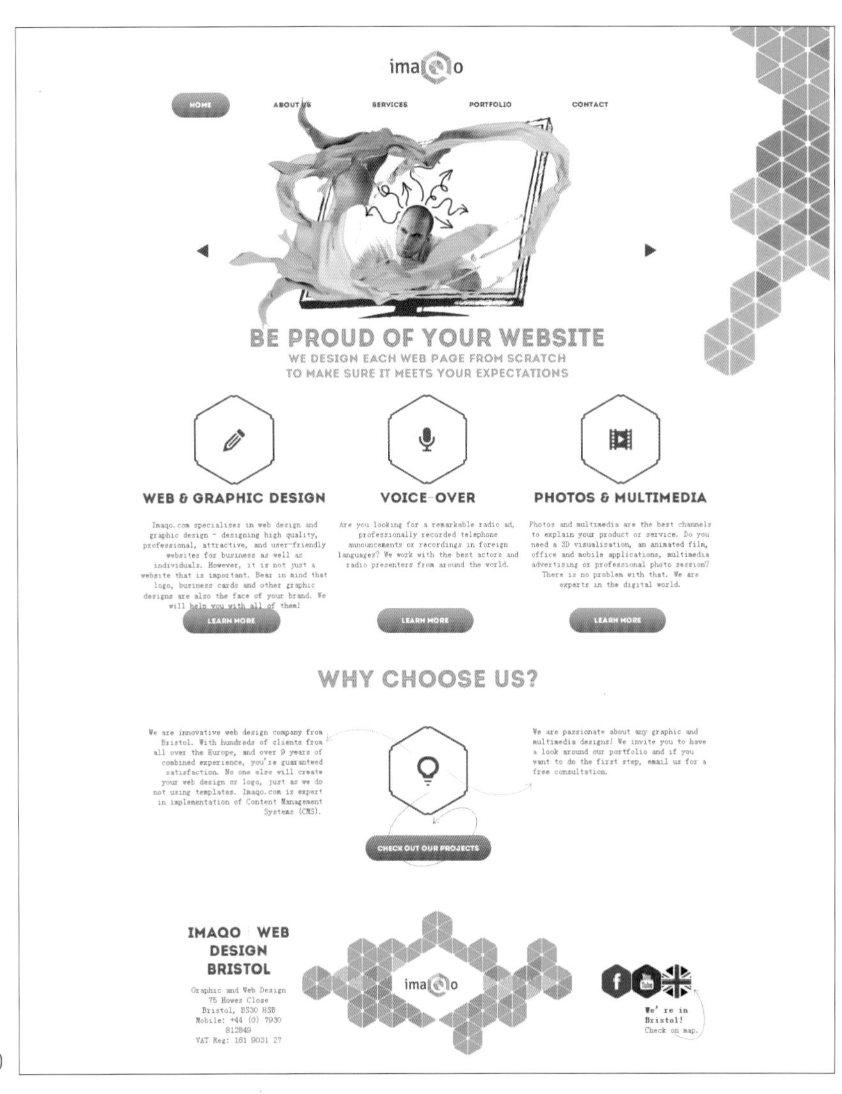

图 3-10

按钮的颜色

按钮的颜色应该明显区别于它周边区域的颜色，这会使浏览者很容易找到它。常见的按钮颜色多以对比度较高、色彩较明亮的色系为主。

按钮的位置

设置按钮位置的基本原则是要容易识别，因而很多具有重要的功能按钮都放在页面的中心区域。但是，更为精细的安排，还需要考虑到浏览者的视觉流向问题，通常浏览者的习惯是从左至右、从上至下，所以网页中的关闭、最小化、滚动条等会放在页面的右侧，而需要确认、进入、提交等按钮会放在相对应内容的下面。此外，还要考虑到按钮在同类页面中位置的统一性，这是因为浏览者对按钮的记忆会停留在刚才页面的同一位置。

按钮上的文字

按钮上的文字非常关键，它的作用是引导信息，但会受控于按钮的面积，因而要做到直接明了、言简意赅，字号不宜过大，字体选择也不宜过于纤细，要让浏览者用最快的时间找到需要的按钮，省去思考的过程。

按钮的规格

虽然按钮需要在网页中突出显示，但也并不意味着它的规格越大越好，一个按钮大到一定程度，超出了人们心理的认知规格，可能会误以为它只是网页中的一块布局区域，而忽略了点击行为。所以按钮在页面中的规格要恰到好处，同一页面上的按钮也并不一定是同样尺寸和形态的，它的规格大小也反映了它在网站中的重要级别。

按钮的视觉表现

按钮设计能体现出设计师对于网页用户体验的重视，如何让按钮在既保证功能的同时，又美观大方、不落俗套，是每个设计师所追求的目标，当下按钮的设计风格也是呈多元化发展、不拘一格。模拟材质感的风格已不能满足人们的欣赏口味，扁平化的按钮（图 3-11）、半透明的按钮（图 3-12）甚至全部透明的“幽灵按钮”（图 3-13）大行其道，再如图 3-14，按钮的形态被设计成类似细胞的不规则形，又与图片相叠加，风格独树一帜。总体来说，鲜明醒目又不过分浮夸的设计最容易得到浏览者的认可。

鼠标滑过的效果

按钮的设计上，另一项需要注意的是按钮的点击感。当浏览者的鼠标滑过按钮时得到一个相应的效果，会增强他对按钮点击感的反馈，这种效果会对网站起到画龙点睛的作用。如图 3-15，当鼠标滑过每个菱形按钮时，它与背景的缺口就会闭合，同时上面的图表也会随之提高显示亮度。再如图 3-16，网页上的按钮自身是个不断动态变化的图形，当鼠标滑过时，色调会变得清晰明朗，透露出底部与之叠加的图片。

链接

链接是网站中一些可以点击，并跳转到另一个页面或者相同页面的不同位置的网页元素，也可以是打开一张图片、一个文件或者是一个应用程序的控制命令。网站中的大量信息是通过链接让用户详细浏览的，同时，我们也经常看到在网站的底部或者顶部的特定区域里，会放置一些友情链接和社会化媒体的链接，这是一种网站之间、网站与媒体之间互相推广的合作形式。（图 3-17）

链接与按钮似乎比较相近，都是完成一个页面的跳转，虽然它们并没有严格的区分，但还是存在一

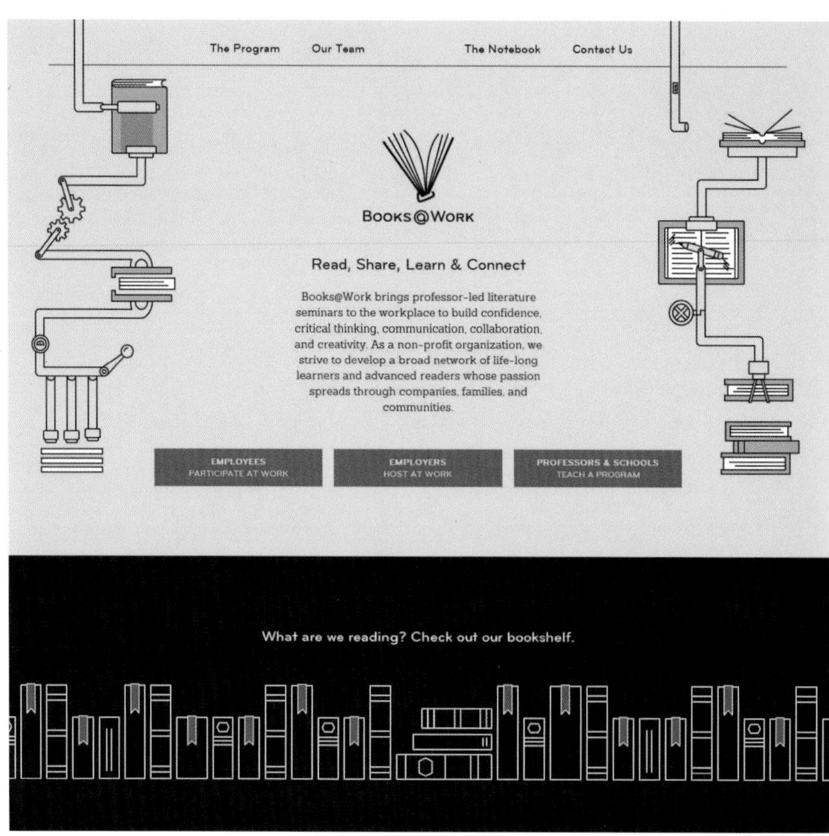

图 3-11　扁平化按钮

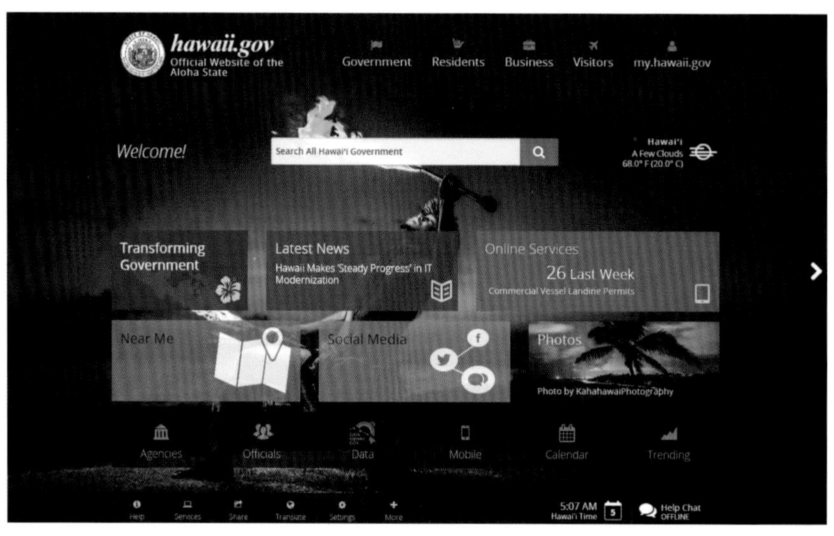

图 3-12　半透明按钮

图 3-13　透明按钮

图 3-14　不规则形按钮

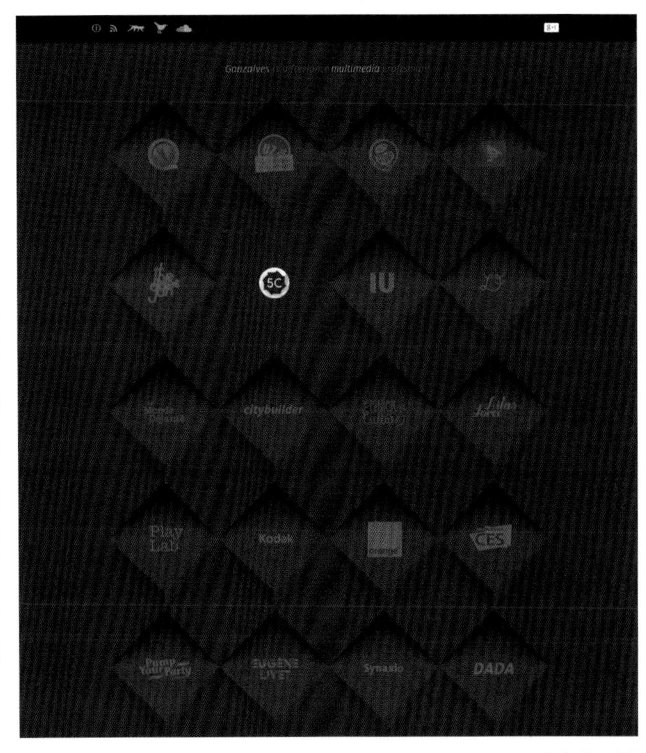

图 3-15

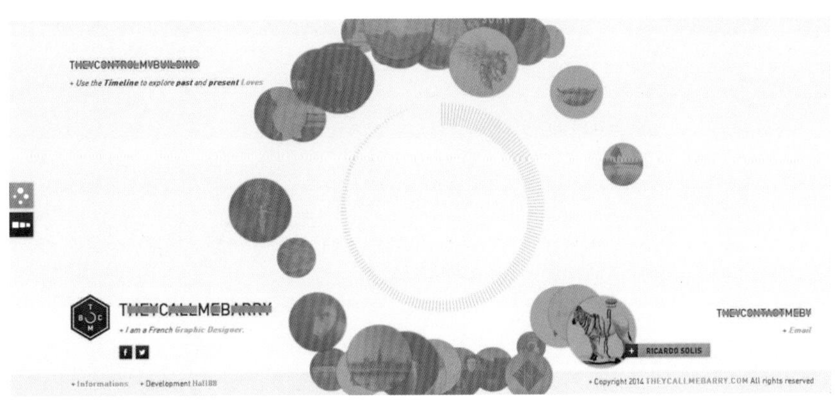

图 3-16

图 3-17

定的差别的。从外观上看，链接可能就是一个能点击的文字标题，并不一定要求在视觉上突出表现，而按钮是需要在网页中被强化的地方，通常会有自身的形态和说明文字。从功能上看，链接是为了让浏览者看到更为详细的信息，而点击按钮可能是完成了某种数据的提交，让服务器去做某些事情。

网页设计师在面对网站中的众多内容元素时，突出显示与否，往往不易协调，所以还要回到网站设计的初衷，按照设计意图来决定。

表单

表单是一个网站用来获取用户的注册、登录、联络、支付等信息的元素，它包括文本框、下拉列表、复选框、按钮等控件。表单对于网站的建设有着积极的意义，它推动着网上的商业和社区的蓬勃发展。大部分的网络应用都要靠表单进行数据录入和配置，所以，一份好的表单设计可以给网站提供很多有价值的信息，只是目前并不是每个浏览者对表单都那么友好和信任，他们可能担心自己的个人信息会泄漏或者还没有准备好交易，等等。在这种情况下，网页设计师所能做的是如何将表单设计得让人有一种信任感，从而对网站有一个整体的推动作用，这显得尤为重要。

在表单的设计上，设计师需要站在浏览者的角度来进行用户体验。首先，是布局的问题，要根据用户的视觉流程来选择合适的对齐方式，元素都摆放整齐，每行均匀隔开，合理的布局可以让用户的眼睛能够很容易地捕捉表单元素，顺利地阅读表单内容并专注于填写信息；其次，是规格的问题，表单尺寸的大小要确保用户可以方便使用，如果文本框中输入的文字过于袖珍，会让用户较难辨认，增加其视觉疲劳感；最后，就是每个表单都要找到符合它的视觉表达形式，有的表单设计得没有什么特别之处，看起来就像是默认样式的呈现，但却十分舒适地融入到整个网站的设计中，还有些网站总是尽量将表单设计得新颖别致，给用户带来一种耳目一新的感受。图 3-18~图 3-23 是不同风格的表单设计，以供欣赏。

幻灯片演示

在这个互联网高速发展的信息时代，网站如何在激烈的竞争中脱颖而出，是网站所有者和设计师们最关心的问题，他们都想竭尽全力地在页面上展示更多的内容，来吸引浏览者并使其驻足观看。幻灯片演示就成了网站设计中极其常见的结构要素，它通常被安排在首页上出现，用来展

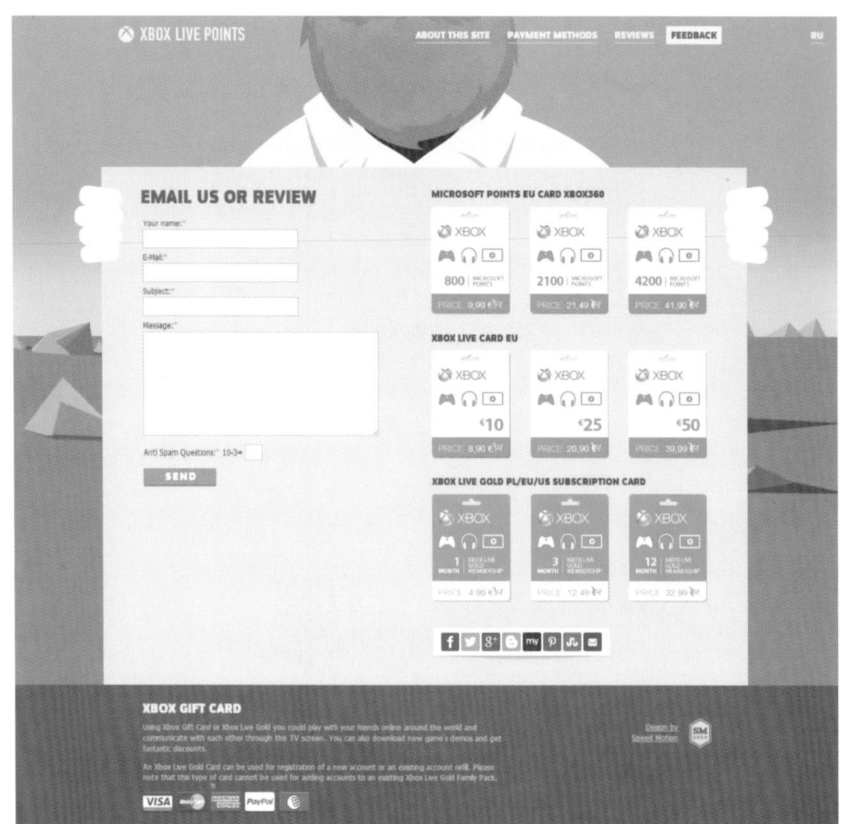

图 3-18

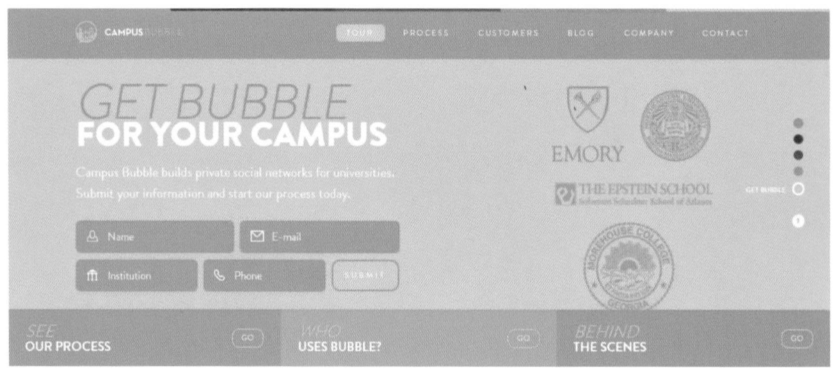

图 3-19

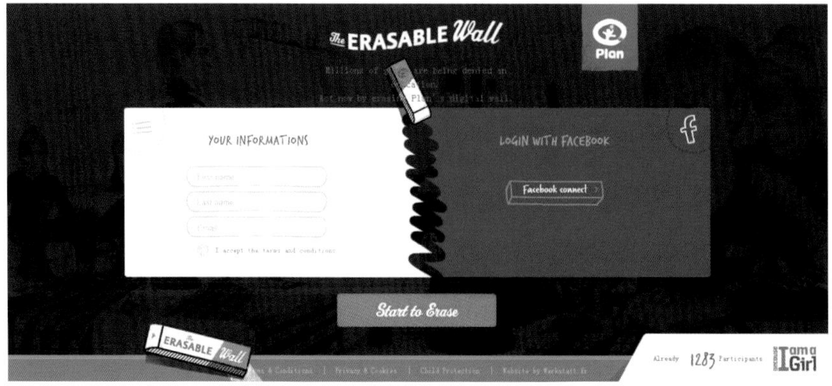

图 3-20

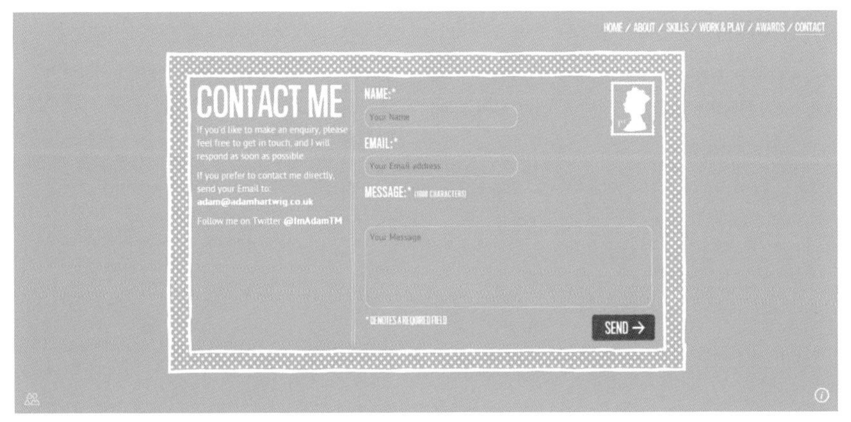

图 3-21

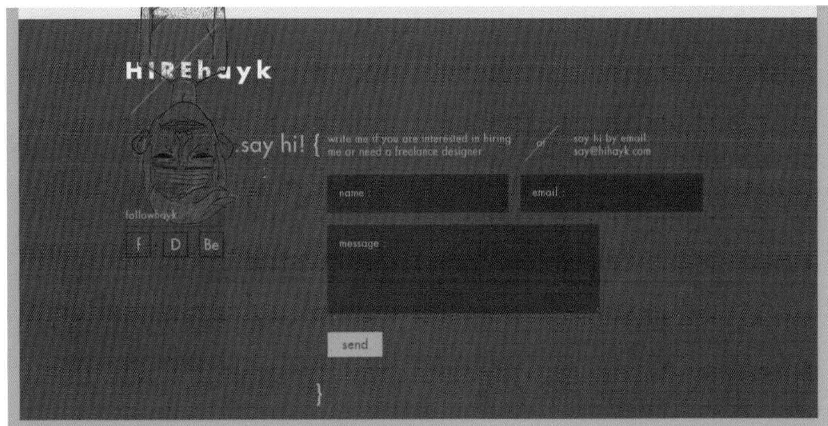

图 3-22

示网站里最新的资讯。

幻灯片演示的优点是不必让浏览者不停地往下翻看页面，而是采用一种比较优雅的切换方式，例如，滚动播放或者点击到下一页。此外，它的另一个好处就是可以引导浏览者们按照期望的顺序观看内容，避免了用户随机点选带来的逻辑混乱。图 3-24~图 3-27 是几个应用了幻灯演示的首页设计，以供欣赏。

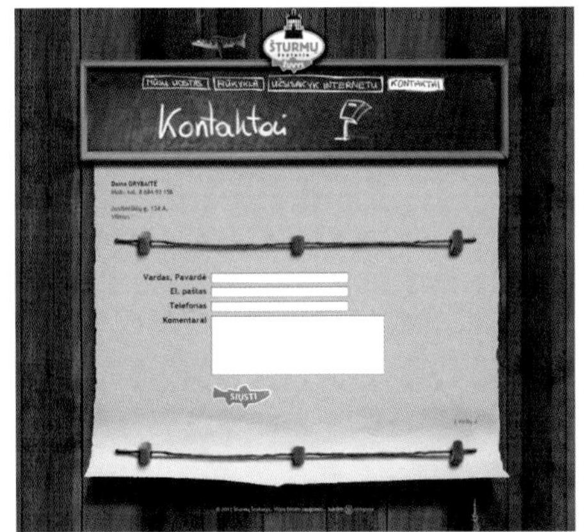

图 3-23

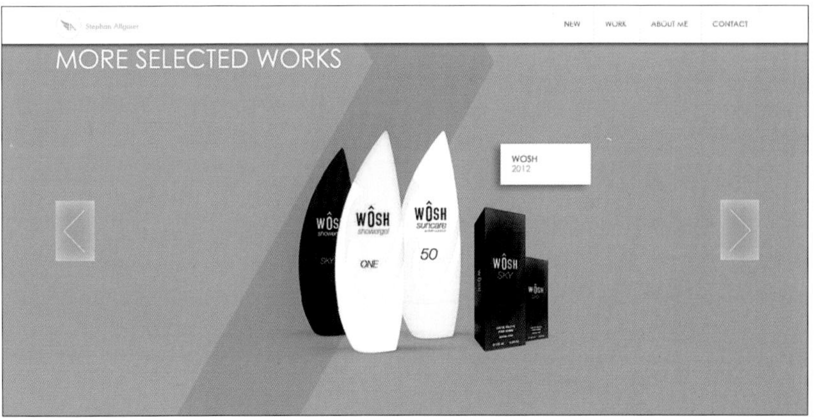

图 3-24

图 3-25

图 3-26

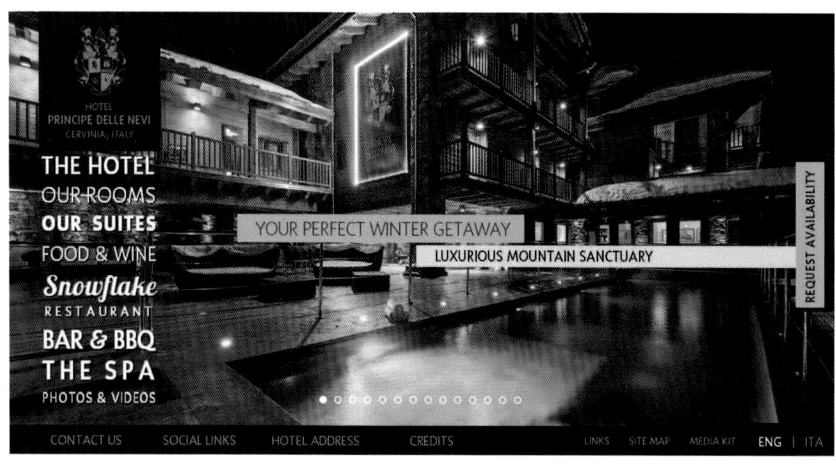

图 3-27

思考题

1. 网站网页设计中的主要结构元素有哪些？
2. 网站中首页的作用是什么？
3. 试分析导航栏在网页中的布局和设计特点。
4. 网站中按钮的设计要点有哪些？
5. 思考网站中表单设计与用户体验之间的关系。

第四章

网站网页的布局

网站网页设计和其他种类的平面设计有很多相似之处，就是要通过有限的屏幕空间，将网站中的文字、图片，以及动画、视频等元素按照一定的审美法则组织起来，形成一个整体的视觉形象，向浏览者们传递网站的信息。因此，网站网页在设计中也是非常讲究编排和布局的。同时，我们也应该清楚，网络媒体和传统媒体在传播途径上有着很大的区别，网站是数字化、新媒体时代的产物，传统的平面设计传递信息的方式是单向的模式，而网站的最大特点就是互动性强，浏览者与网页是一种双向的选择交流。因而，从视觉心理上分析，网页比其他种类的平面媒介更具有个人自主性，浏览者可以随时根据自己的喜好来选择浏览方式或者离开。所以，在网页的编排和布局上要符合他们的兴趣和阅读习惯，避免呆板和枯燥，要更加具备强烈的视觉冲击力。

布局是指对事物的全面规划和安排，网站的布局也就是对网站整体风格的规划和内容信息的安排。网站通常是由多个网页组成的整体，各个页面都有机地联系在一起，网站的布局首先要处理好各个页面之间的秩序和链接关系，避免因为信息过多造成的逻辑混乱和阅读困难。反复推敲整体布局的合理性，才能给浏览者们一个最佳的用户体验。

在每个网页的布局上，除了考虑整体统一的关系外，更要考虑浏览者的视觉流程和空间分配。网页中不同的区域，在浏览者们心中的重视程度也不尽相同，人们的阅读习惯往往是从左到右、从上到下的顺序，也就是浏览者们大多会先注意到网页的左上角和顶部，之后目光再往下边和右边移。所以，我们看到很多网站把 Logo 组合放在左上角，导航栏放在页面顶端，关注度较高的信息放在较偏上的位置等，这些都是根据人们的阅读特点，充分利用页面最佳区域的体现。

网页的布局与所承载的信息类型也有很大关系，比如遇到文字量较大的信息时，如何让浏览者接受冗长的大段文本，而不觉得有疲惫感；文字、图片、视频等多组内容并置在一起时，如何能做到主次有序，让浏览者意识到网站所要强调的重点；还有网站如何恰到好处地留白，才能让人感到舒适和平衡，等等。这些关于布局的问题就是本章所主要讨论的问题，接下来我们会从几个方面入手，进行更为详细的分析。

网页的规格尺寸

网页设计与印刷品设计一样，首先要确定它的页面尺寸，但是这个尺寸没有固定的标准，因为它与显示器的大小以及分辨率都有关系，在用不同的浏览器浏览网页时，由于边框大小和菜单位置有所不同，显示的效果和用户的感受也会有细微的差别。如果页面尺寸大于屏幕的分辨率，则不能全部显示出来，需要浏览者滑动底部的滚动条才能看到，反之，会在页面上显示出大量被浪费的空白区域。

为了追求大多数用户浏览网页时的最佳感受，我们通常把网页的尺寸设定为 800×600 像素或者 1024×768 像素。其中，在 800×600 像素的网页上，页面宽度保持在 778 像素，网页会正好是一个满框显示，不会出现横向的滚动条。而在 1024×768 像素的网页上，页面宽度则需要保持在 1002 像素才能满框，如果页面高度在 612~615 像素之间，垂直的滚动条也不会出现。但是，网页的高度并非需要限定在这个范围内，它需要视网页内容的多少来定。页面上的内容越多，页面也就会拉得越长，需要浏览者不断地滑动垂直滚动条才能查看到全貌。过长的网页会给浏览者的阅读和查找信息造成困难，所以还是建议网页设计者控制页面的长度，用其他的页面来分流信息。

基于网格系统的布局

网格系统又称为栅格系统，英文为 grid systems，是一种平面设计的方法与风格。如今，网格系统在网页设计中的使用已经相当普遍，网格化的布局使网页趋于均衡，能给浏览者以美观整洁的印象。同样，它又把网页的页面结构分割得合理有序，这种结构形式已经成为了现代网站设计的基础。

认识网格

网格是版式设计中非常重要的构成元素，它是由水平、垂直方向的参考线彼此交叉，划分区块，合理排列内容的系统。这种网格化的系统可以将页面上的文字和图片信息协调稳妥，保持版面的均衡，让复杂的版面简单易懂、清晰明朗。

网格系统归根到底是一种约束版面的方法，目的是使版面具有整体感和秩序感。这种方法同样也适用于网页的布局，只是在运用的过程中需要结合网页自身的特点。很多网页上承载的信息量很大，排放时不可避免地要增加网页纵深的长度，因而我们很难把握页面垂直方向的分割，于是在网页的网格系统中，我们更侧重的是水平方向的分割。

常见的几种网格化布局

网格化布局实际上是一种框架布局，这种框架能够引导浏览者的视觉，有序地展示信息内容，目前，它已经成为了大多数网站功能实现的基础。有了框架的约束，并不代表着网站的版面设计就会平淡无奇、索然无味，我们可以巧妙利用这些框架，引导浏览者们的视觉流向，把他们的注意力吸引到网站内容本身。以下列举的是目前较为常见的四种网格化布局。

1. 通栏式

通栏式布局是一种较为传统的布局方式，就是在页面中的垂直方向只有一栏，没有间隔。这样网页中所有的信息内容都要放置在这一栏中，文字除了换行外，不进行任何处理，早期的网页普遍采用这种布局方式。它的优点是让浏览者的视线没有限制，视角更加开阔，庄重大气，给人以信服感。但是这种布局的文字信息要横跨整个版面，会引起一些浏览者的阅读困难。为了避免视觉疲劳，需要尽量把栏目的宽度控制在较合适的范围内，不要排满整个屏幕。另外，这种布局方式也可以灵活处理，使文字信息区域与 Logo 组合和导航区密切配合，有机地协调在一起。目前，这种布局方式仍为很多网站所采用。（图 4–1）

2. 两栏式

两栏式布局就是把页面空间从垂直的方向分割为两个部分，它与通栏式布局相比，页面的空间可以有更多的变化，又不失平衡。两栏式布局又可以分为对称式和非对称式两种类型。

对称式是对网页界面的均分，形成两块结构相同、信息量均等的分栏。这种分割方式可以达到页面高度平衡、整体稳定的效果，但如果在一个网站中大量重复使用这种分割，则容易引起浏览者的视觉疲劳，使网页呆板、缺乏生气，我们也可以通过调整页面元素的位置来达到缓解。（图 4–2）

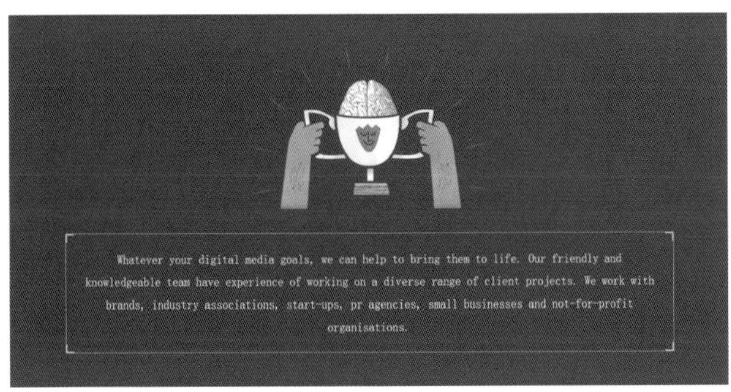

图 4-1 通栏式布局

图 4-2 两栏对称式布局

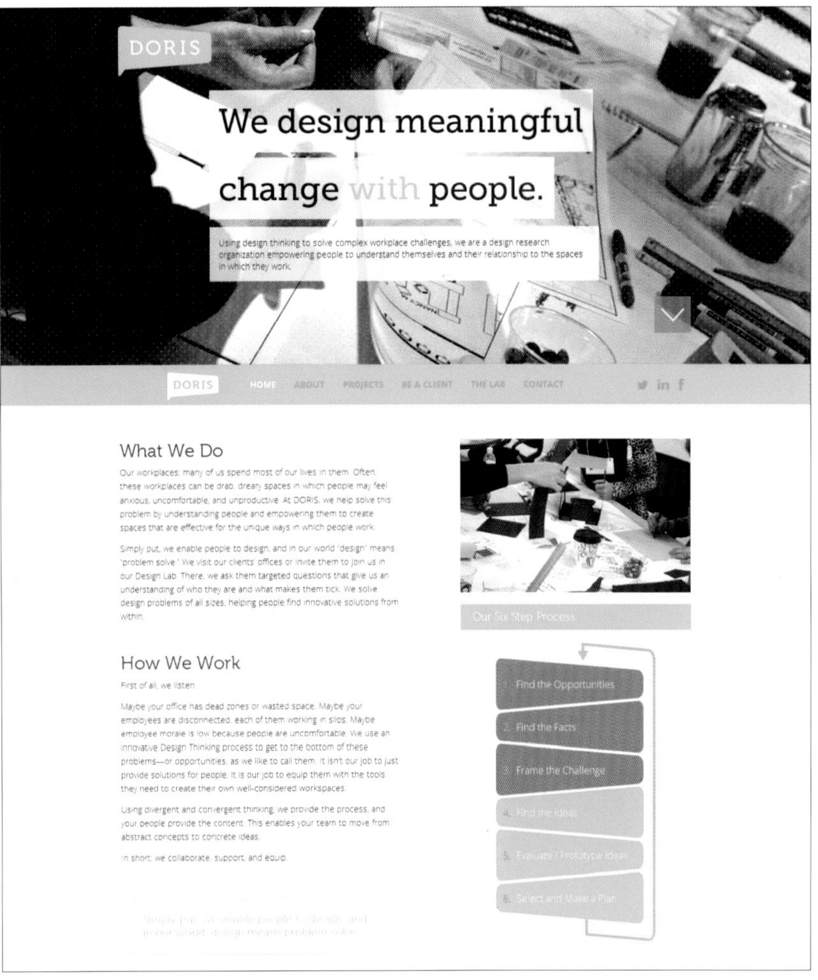

非对称式是网页界面的不等分分割，也就是两个分栏的宽窄不同，设计师可以根据版面的需要灵活调整两个分栏之间的比例，也可以按照某种特定的比例分割，例如1:2、3:4等。这样的版面布局更趋于灵活、生动，在网页设计中十分常见。（图4-3）

3. 三栏式

三栏式布局就是把网页沿垂直的方向分割为三个分栏的布局方法。三栏式布局较两栏式布局更加活跃、多变，适合信息项目较多的网站使用，它的布局类型类似于杂志，能有效避免因一行中字数过多而引起的读者视觉疲劳，也适合于图文混排较多的页面，它的分栏

图 4-3 两栏非对称式布局

会使页面的结构更加富有条理。在三栏式的布局中，左、中、右的三栏可以是均分的，也可以是不均分的。均分的三栏看起来更为整齐，更适合排放同类的内容信息，形成一种并列的关系。（图 4–4）不均分的三栏可以让信息的分类一目了然，制造出更加独特的版面效果，如图 4–5，这个网页左边的两栏等宽，显示的是同类的内容信息，右边的一栏作为侧边栏，宽度略窄，不难看出网站设计师对于这些信息的主次引导，也让浏览者感到非常舒适实用。

4. 多栏式

多栏式布局一般是指页面分为四栏及更多栏的分割方式，它一般适合于信息量较大的网站使用，对屏幕的分辨率也要求较高，一些行业信息、资讯、门户类等综合性网站经常使用这种布局类型。由于信息量巨大，分栏安排不当容易使浏览者有满胀感和压迫感，调整好分栏的比例关系，才能让这种布局方式的适用性更强。（图 4–6）

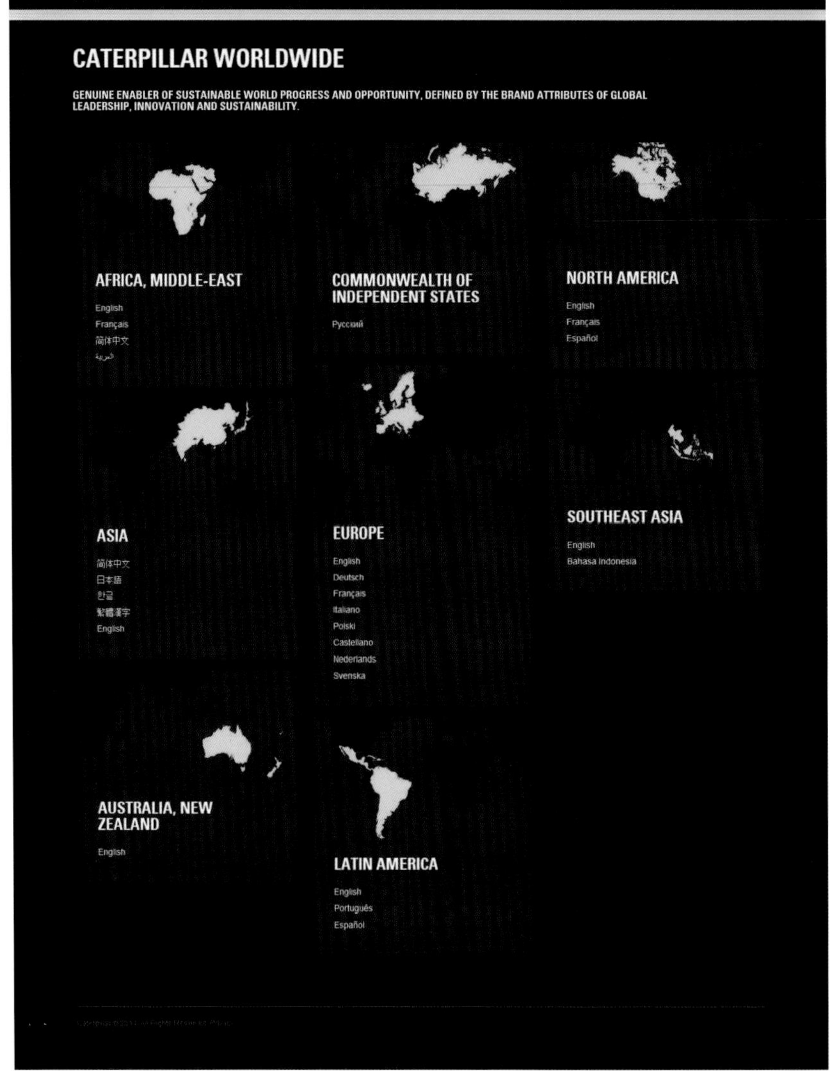

图 4–4　三栏均分式布局

三分之一法则

三分之一法则，又叫三分法原理，也是基于网格系统的布局类型，它的分割方法类似于之前所讲的三栏式布局，但是由于这个法则在设计中常被提起，所以这里单独列出介绍一下。

大家都知道黄金分割的比例是 1:0.618，经过黄金分割点两端的比例，较长的一段约等于另一段的两倍。根据这个特点，把一个整体分为三等份就是一种黄金分割法的粗略分法。三分之一法则也就是黄金分割的一个简化版本。它的具体应用可以理解为先把在网页界面上的纵向和横向都分为三个部分，然后再依次进行深入划分，这样可以得到很多不同的骨架结构，这些骨架即是网页的分割线，在它的基础上编排网页内容，就是三分之一法则在网页布局中的应用。

960 网格系统

960 网格系统又称为 960 网格布局，它也是一套能够快速建立网格系统的布局样式，深得网页设计师们的喜爱。它之所以被命名为 960，是因为它是以宽度为 960 像素的模板作为参照的。960 像素的页面宽度具有高度的灵活性，同时又可以被 2、3、4、5、6、8、10、12、15、16 整除，可以实现多种多样的分栏样式，所以是一个比较理想的宽度。有了这个框架的辅助，在排放内容、导航栏等结构元素时，设计师们就会感到得心应手。

网格系统只是为设计师提供一种潜在的帮助，它在实际的网站中并不显示出来，网站的浏览者们看到的只是网页上的信息内容，他们可能并不会意识到这些格局是通过网格系统所创建的，但是作为一个网页设计师，必须学会使用网格系统，并能灵活应用于网站设计的实践中。

网页的自由型布局

也有一些年轻的设计师并不是很喜欢网格系统，认为它看起来是把所有的东西都装在预先设定好的封套里，限制了自由，他们希望找到更适合个人风格的解决

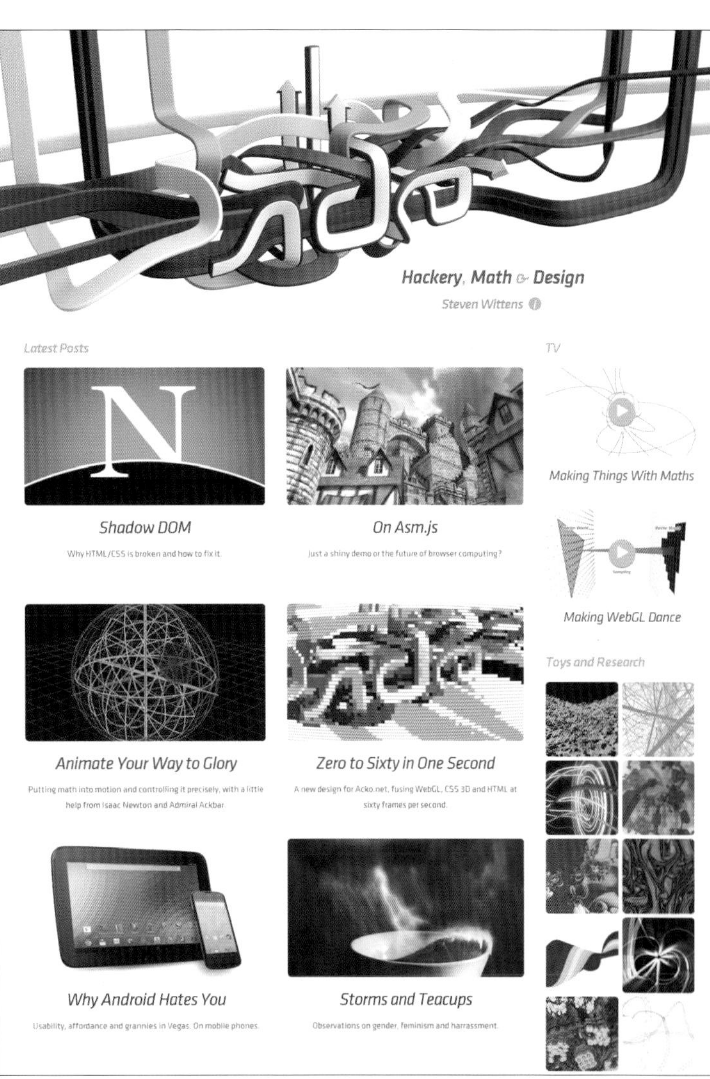

图4-5 三栏不均分式布局

图4-6 多栏式布局

方案。这种思想无可厚非，但是能否适用，还要看项目本身是否适合这种自由的风格。

自由型布局是相对于网格系统布局而存在的一种布局方式，也可以把它归类为非网格系统布局。自由型布局突破了网格布局那种水平、垂直的页面分割方式，它可以采用一些曲线、折线、交叉线，以及完全自由排列的分割方式，在设计上有着很大的自由度，这种布局方式往往带有强烈的感情色彩且富有情趣，适合表现一些具有鲜明个性特征的主题网站。在这类风格布局的设计上，设计师要学会运用点、线、面等构成语言，使页面既具有动感又协调统一、主次鲜明、不拘一格。（图 4-7~图 4-9）

在当下的网站设计中，布局的方式还有很多种，以上列举的几种只是较为常见的形式。实际上，布局就像是拼图，拼合的方式是多种多样的，并不能简单地说哪一种好与不好，只能是根据网页中的具体内容来判断，使用哪一种布局形式更为适合。

网页中的文字编排

网页设计中需要考虑的因素很多，我们在第二章、第三章中提到的设计元素、结构元素对于一个优秀的网页设计来说都是不可或缺的，但究其本质，网页中的信息传达，最为重要的还是文字信息。网页中的图片虽然会给浏览者带来非常直观的感受并增加设计美感，但是仍然无法替代文字的作用，一些其他的要素也是为了让网页更加成熟和完备而存在的，所以说文字是网页设计的根本。如果从整个网站的角度来看，它存在的目的就是要向浏览者们传达某些信息，读者们浏览的初衷也是阅读网

图 4-7　自由型布局

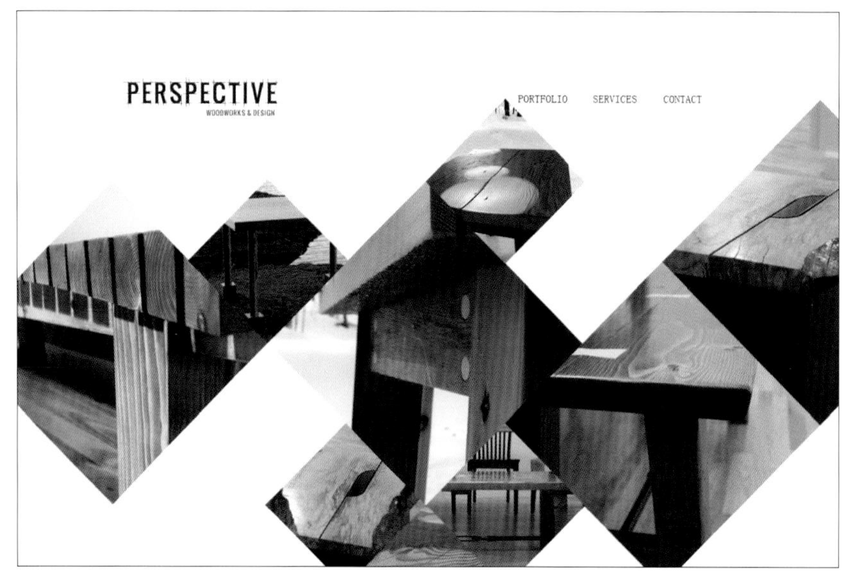

图 4-8　自由型布局

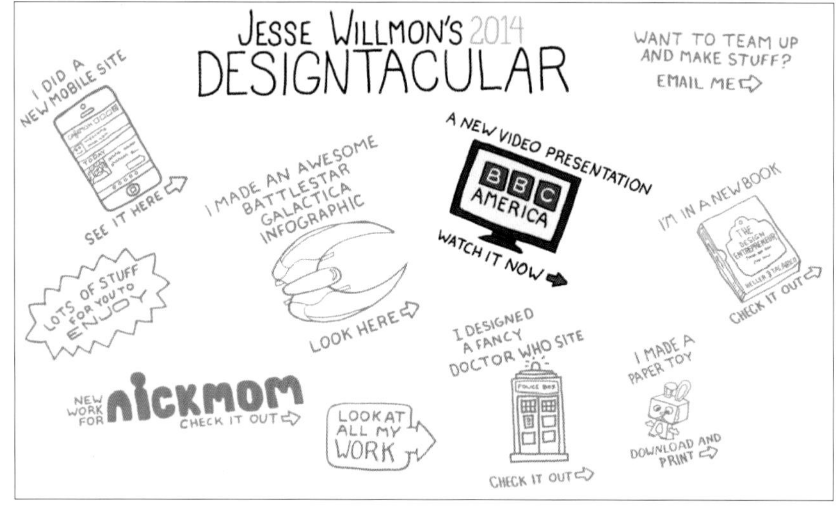

图 4-9　自由型布局

页上的文字。

文字这个设计元素，它在网页中的字体、字号选择和编排方式我们在第二章里都有过论述，在这里，我们要继续研究的是文字编排对于网页设计的影响，以及如何运用不同的编排方式来表达网页设计的情感。

网页中标题文字与内容文字的组合编排

网页中的文字信息大体可以分为两个部分，就是标题文字和内容文字，这两部分文字具有不同的功能，可以区分不同的层级关系。标题文字传达的信息是要引起浏览者注意的网站内容提示，文字量一般不会很大，但是需要在网页中突显出来。内容文字是对标题文字的详细阐述，文字数量相对较多，需要浏览者详细阅读。为了区分不同的文字层级，就要在文字的字号、字体、色彩、段落编排等方面进行明确细分，通常会将同一层级的文字设定成相同的文字形式，使浏览者感受到清晰的条理化编排。

如图 4–10，该网页中的标题文字使用了比较粗壮的字体，在版面中十分醒目，下面的内文使用了较细小的文字，整体看上去主次分明。如图 4–11，这是一组内容层次较丰富的文字编排，标题文字字号较大，并选择了较粗的字体，重点突出，其他各级文字在字体上都做了细微调整，色调变换成深灰色，与网页背景关系和谐，又不会对标题文字造成干扰，配以多层次的左对齐编排，让整个网页布局精致得体。如图 4–12，这个网页在标题文字与内容文字的变化中，加入了色彩的变化，红色的字体突出显示重点，背景为红色块的区域，配以白色文字，让网站看起来干净利落，毫无刻意修饰之感。

图 4–10

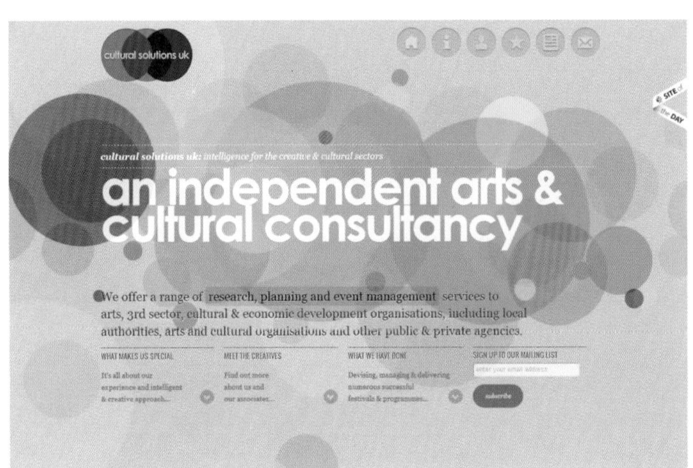

图 4–11

图 4–12

网页中文字的对比运用

一个网站要达到宣传的目的，不光要突出文字层次，还应该增强版面的活跃感，对文字的形态、大小、色调进行精心调配，加大对比性，是一个可以使网页生动、富有节奏的好办法。如图 4–13，在这个网页中，文字排列紧凑，形成一个两端对齐的文字块，醒目地排列在页面中央，但细致观察会发现，这五行文字每行的字形、字体大小都不尽相同，有的还在笔画的虚实上精心设计，色彩也是在白色与黄色之间调配，看似和谐统一的整体，却蕴藏着丰富的细节。如图 4–14，页面中心区域的文字组合排列优雅灵动、耐人寻味。在洋红和黄绿色调的文字穿插变换、错落有致的排列中又融入字体、字号的细微变化，与点状、斜线图案密切配合，构成了云状对话框，将中心标题文字推送出来，安排巧妙而不做作。如图 4–15，多组信息内容并置于同一网页之中，字体均不相同，但用较好的面积控制和统一的青色作为贯穿，既突出了文字对比的丰富之感，又体现出和谐平等的并置关系。

网页中的文字与留白

设计中的留白并不是指背景使用白色，而是指布局的干净和简单。在网页中留白，会使文字与其他元素区分开来，更加清晰易读，又增强了页面的空间感。留白的形式使用得当，会给作品带来较高的审美价值。在网页设计中，留白会让文字的识别力更加有效，页面中没有太多繁杂的信息，反而会让网页层次分明，更加衬托出主体文字，从而让浏览者的注意力全部集中在文字信息上。大量运用留白的网站，往往是追求现代感风格的网站，它会给人

图 4–13

图 4–14

图 4–15

图 4-16

图 4-17

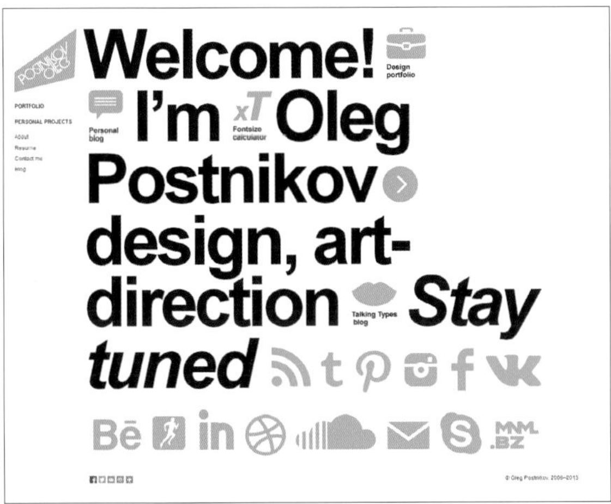

图 4-18

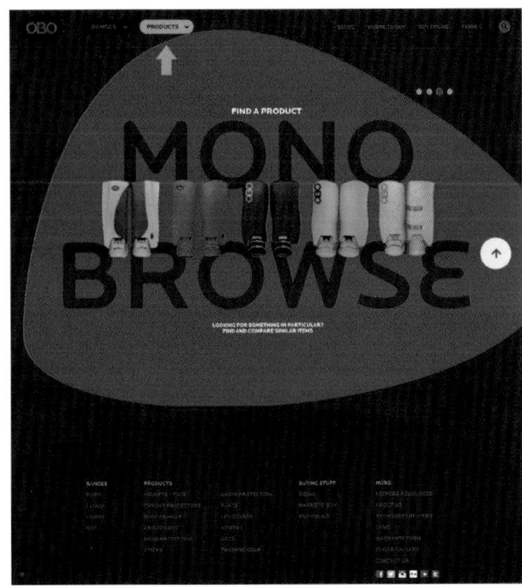

图 4-19

带来一种国际化的、时尚的、潮流的格调。

如图 4–16，这是一个极简风格的网站欢迎页面，背景是带着朦胧质感的城市风光影像，看起来清新飘渺，这个背景被处理成极柔和的浅灰色调，让整个页面具有了空旷的美感，网站的 Logo 组合虽然面积不大，但却能立刻吸引浏览者的注意，同时，它又与导航栏完美搭配，留白的拿捏恰到好处。如图 4–17，这个网站的背景留白得极其彻底，就以白色纸张的感觉来衬托上面的文字，标题文字好似梦境，纤细神秘却又清晰可见，其他的文字更为内敛，左上角露出来的树木增加了页面的层次感，却丝毫没有破坏留白的意境。

网页中文字的突出显示

在网页设计中，把重点的文字进行放大处理，甚至是夸张处理、图形化处理等，并把它放置于页面主要的位置来强调其重要性，这是一种突出文字显示的布局方法。这种文字布局的意义在于可以迅速捕捉浏览者的眼球，第一时间将网站的重要信息传递出去，伴随着网页设计的强烈视觉感受，给浏览者带来深刻难忘的印象。

如图 4–18，这个网站的布局由于文字排列占据了绝大部分版块而显得不同寻常。网页的设计理念有着强烈的现代感，十分大胆，看似为单纯的文字放大，实则排布精密，中间穿插的鲜亮图形与辅助文字错落有致，展现了设计师的独特审美。如图 4–19，这个页面中心强烈夸张的大色块，牢牢抓住了浏览者的视线，文字也随之满贯其中，配合着运动护具产品的呈现，好像在迫不及待地引导着顾客去了解他们的产品。

网页中文字的动感编排

网页中的文字布局，大多数保持了水平的排布，这会给浏览者一个稳定、清晰的浏览层次，但是有时尝试改变文字的排列方向，网页的节奏感也会随之改变。倾斜的排列、沿曲线排文，还有自由流线型排文，都会给网站带来意想不到的魅力。文字的动力感编排打破了网站的传统布局，创造出一种自由的视觉感受，可以让网站不拘一格，但仍需注意整个页面的组织感和均衡性。这类布局一般适于动感较强的网站或动态化网站。

如图 4-20，网站的 Logo 就是用斜向自由化字体构成的，它带动了整个网站的风格走向，下端的手写体辅助文字呈两条弧线排列，活跃着页面的空间，与漫画风格的形象相得益彰。如图 4-21，网站的风格定位就是古朴的随意感，斜向排列的导航栏引导着网站整体的倾斜方向，配合着背景的质感，让顾客放松得就像是在读一个便签，如此惬意的气氛中，隐藏着设计师的良苦用心。

图 4-20

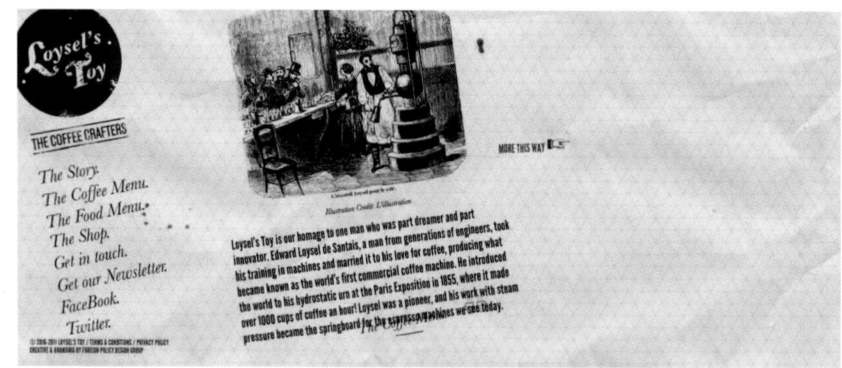

图 4-21

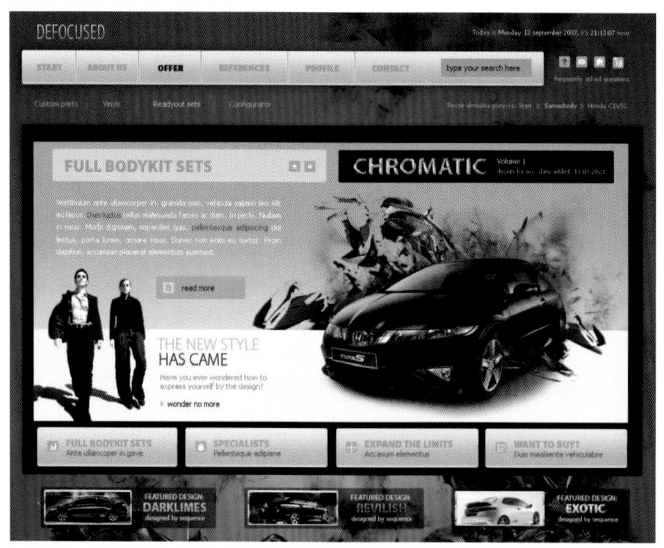

图 4-22

网页中的图片编排

图片在网页中是极为重要的设计元素，它比文字更能够吸引浏览者的注意力，不但能给网站带来美感的烘托、气氛的渲染，也让观众们得到眼见为实的直观感受，恰当的图片运用会给网站带来有效的受关注程度。对于网站中图片的格式及其特点，我们在第二章已经有过论述，这里着重研究的是图片在网页中的编排方法，因为图片的大小、位置、形态以及不同的组合方式，都会直接影响到网页的视觉效果。

图片的大小及位置

图片在网站中出现的大小和位置，代表着一个网站对页面信息的疏导，因为它关系着浏览者读取信息的先后顺序，网页设计师可以根据这个特点来编排页面，使网站传递的信息更加高效。

在一个网页界面中，想要突出的信息就是这个版面的重点，把含有重要信息的图片尺寸放大，这个图片就会更加吸引浏览者的注意，同理，把其他的次要图片尺寸变小，就会让整个界面的主次关系清晰明确。如图 4-22，网站为了突出这款主推的车型，将其图片放大显示在页面的黄金区域，并配以渲染气氛的抽象元素，让浏览者的视线瞬间被其帅气的造型

图 4-23

图 4-24

所吸引。如果网站从内容角度看,并没有需要特别突出的图片，也可以根据图片的效果，选择一张或一组与网站风格最为搭调的图片来放大,这可以增强网站的美感。如图 4-23，这是一个时尚购物网站，色调淡雅、柔美,在导航栏下方的重要区域里,放置了一组以幻灯片方式切换的照片，照片中的色调与界面风格完美搭配，充满幸福感的场景使网站富有亲和力。

网页中的图片大小不但可以引导浏览者们的关注顺序，还可以赋予界面不同的节奏感,但如果同一界面内的图片过多,并且大小不一,会显得整体效果杂乱无章,为了追求网页中平衡的审美心理，就需要对图片的尺寸进行整体协调。例如常见的做法是把图片进行归类整理，按照图片信息的主次程度,大致划分几个规格,对图片比例关系的调整会让网页中的主次级别更加清晰明了。如图 4-24、图 4-25,这两个网站是基于网格化的布局，图片的规格也延续了网格的特点，我们可以轻松辨认出图片的层次,即基本规格的两倍或者三倍大小。

图 4-25

在其他类型的平面设计中，对图片进行裁切或让其满版显示，是一种很常见的排版方法，在网页设计中也不例外。受界面大小所限，将一张图片最引人注意的部分截取下来，结果可能会事半功倍，如果把这些图片放大到超过界面大小的程度，会使观众得到一个很好的视角，视野更加宽阔。如图 4–26，对于美食类的网站，还有什么能比实物图片来得更为诱人呢，在网站的界面中只截取了这道海鲜料理的局部，就已经能让浏览者们垂涎三尺了。再如图 4–27，城市的夜空在万家灯火的渲染下美轮美奂，仅是一个局部的视角，也会让观者心潮澎湃。

图片的组合编排

在一个网页界面中包含多个图片信息的时候，除了对它们的大小尺寸予以调整外，还要考虑到它们的位置、方向和对齐方式等因素，它们的差异同样会给浏览者带来不同的心理感受，如果能够对页面上的多张图片进行灵活处理，就能较好地控制网站的风格和观众的印象。

在网页中适合放置图片的地方有很多，如页面的上部、下部、左侧、右侧以及连接对角线的四个角的位置，都会成为浏览者们的视觉焦点，但其中最佳的焦点位置，还是观众视觉流程中较先注意到的左上角和页面上部，将重要的图片放在这些位置，会增强信息的视觉冲击力。另外，在图片的排列上，如果其中一张图片与其他图片相隔较大或者突出显示，会让这张图片更加显眼，这也是增强页面信息层次的有效做法。（图 4–28、图 4–29）

还有一些网站在风格定位上要追求活力动感、活泼可爱等调性，这类网站在图片的运用上也往

图 4–26

图 4–27

图 4–28

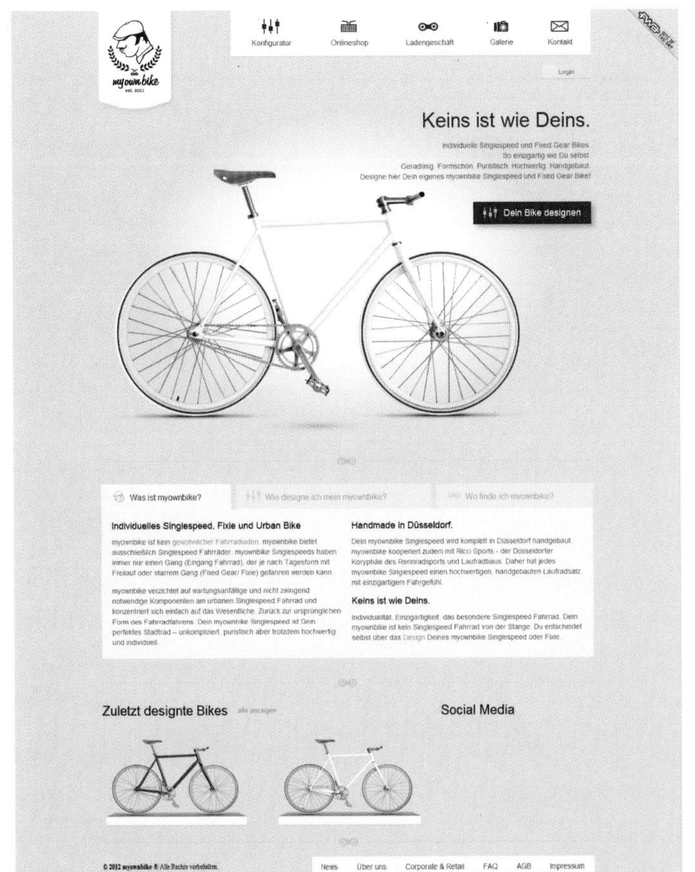

图 4-29

图 4-30

图 4-31

往选择具有动感的视角，图片上物像的动感会使整个网站趋于活跃。此外，我们还可以调整图片的倾斜度，使它们的方向产生对比，或是沿着某种运动路径排列，这些动感的编排可以打破网页原有的格局，增强网站的动态化表现。如图 4–30，图片中狗自身的姿态具有动感，倾斜叠放的图片更显得充满爱心，一定会唤起爱狗人士的共鸣。图 4–31 是一个设计工作室的网站，动感另类的布局更像是魔盘，图片的环形排列，让观众立刻感受到他们设计灵感的玄妙。

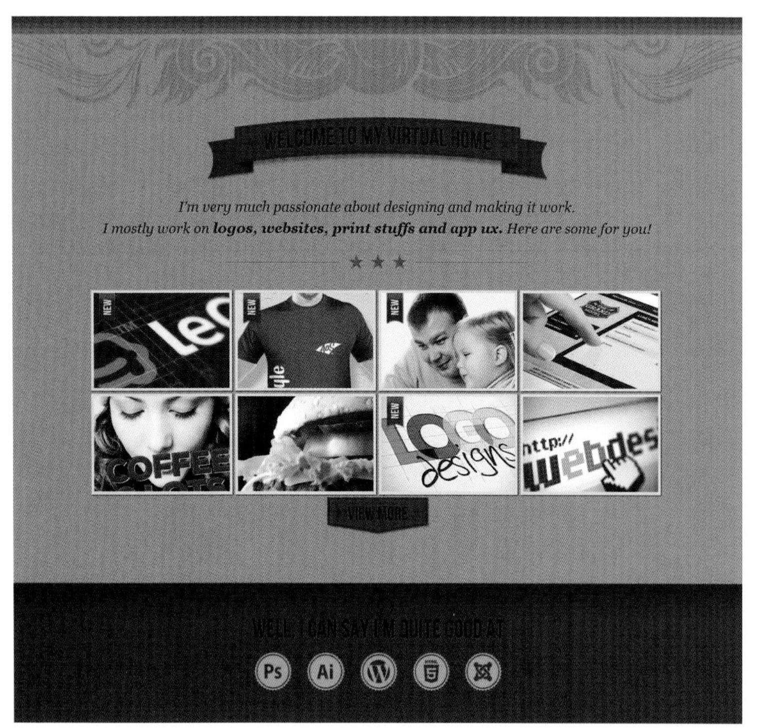

图 4-32

对齐是网站布局中常见的手段，它会把复杂的网站内容调整得井然有序，同时又创造出形式的美感。在之前的章节里，我们研究过文字的布局和对齐方式，其实在图片的编排上，仍然需要采用对齐的方式加以整理。常见的图片对齐方式有左对齐或右对齐、上对齐或下对齐、左右或上下两端对齐等，选择哪种对齐方式，主要是看是否有利于用户的浏览和网站整体布局的平衡。如图 4–32，网站中的图片布局为了不破坏整体的平衡感，选择了等大的尺寸，形成了上下左右均对齐的方式，呈现出一派祥和安定的气氛。如图 4–33，这个网站将图片群用网格的布局方式铺满整个界面，形象饱满大方，图片的编排是在秩序中寻求变化，运用了上下两端对齐的方式，层次感丰富又不显凌乱。

图片的形状及抠图

通过裁剪去掉图片中不需要的部分，减少多余的信息量，截取其中的局部，这也是版式设计中处理图片的常见方法，裁剪的时候也并不一定需要保持图片原来的矩形，它可以根据需要裁剪成任意形状，这能将浏览者的视线集中在保留下来的部分，令图片的展示效果更加突出，也更适合版面的需要。

网站中图片的形状可以裁剪成几何形、不规则形或者是自然形等。几何形的图片常见的有圆形、三角形、菱形、多边形等，如图 4–34，这是一个设计师的个人网站，其在背景上使用了颜料泼溅的手法，来表达设计师追求自由、开放的设计观念，将自己的照片和图片剪切成圆形也是为了增添画面的流动感，并让观者寻找到规则与不规则之间的平衡点。如

图 4–33

图 4-34

图 4-35

图 4-35，在这个音乐网站中，设计师对人物照片进行了不规则形态地剪切，但却保留了人物面部最精彩的特征，图片与图片之间自由拼接，围绕在麦克风的两旁，用对称式的布局来统一碎片式的图片组合，灵巧又富有动感。

对图片的裁剪，还有一种形式较为复杂，我们称为抠图。抠图就是我们俗称的去背景，是指把图片中具体的形象剪裁下来，其余的背景部分删除掉。这种裁剪方式比较灵活，能够将展示物体的形状表现出来，赋予页面灵动的美感。只是裁切的时候需要精细、准确，因为裁剪得不彻底，会在物体的边缘留有杂边，给人以粗糙的不良印象。如果是为了网站的宣传而专门拍摄的图片，应尽量在拍摄时选择与物体反差较大的单色背景，这样在后期去背景时较容易。如图 4-36，这个娱乐网站上的国王与小丑图片就是采用了抠图的方法，后期拼接在一起的，幽默感十足，又给网站带来了一种多时空感的蒙太奇效果。

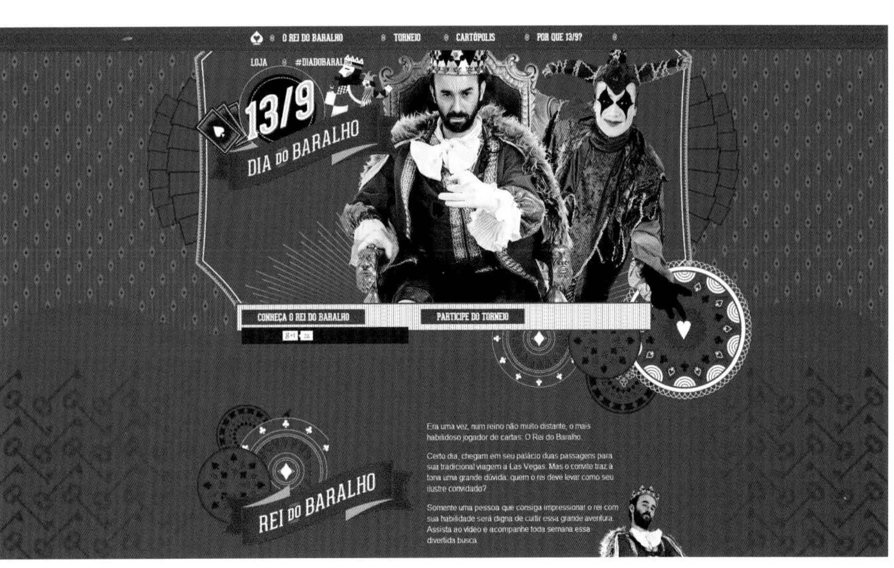

图 4-36

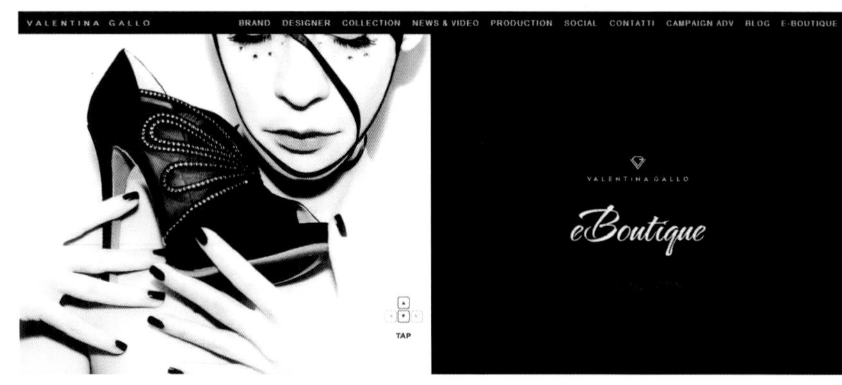

图 4-37

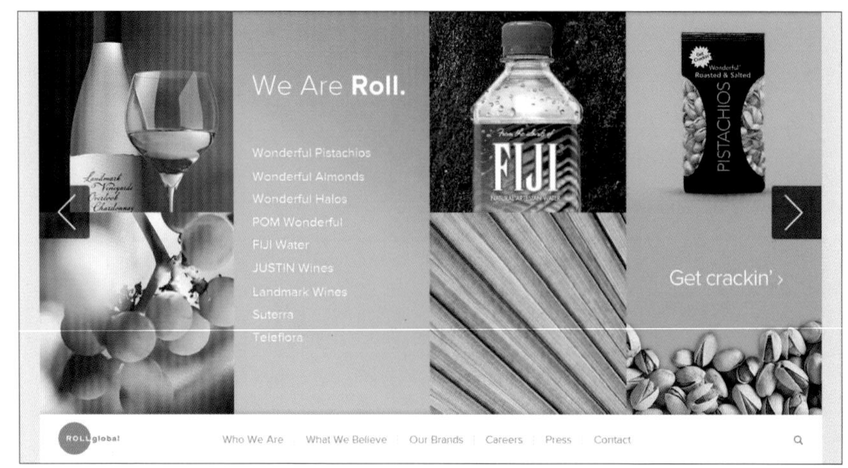

图 4-38

在一个网站中，单纯的只有文字或者图片的情况并不多见，大多数网页都是由文字和图片混合编排构成的，这会让网页的表现力更强，因此，掌握好图文混排的方法，对于设计好网站的布局十分关键。图文混排是一种较难掌握的排版技巧，要实现一个网页完美的图文混排效果，需要考虑的因素较多，它需要有精美的照片或者精致的图形，以及精彩的文字，在排版的技巧上，可以从以下六个方面入手。

文字与图片互不干扰，保持页面简洁

简洁性是平面设计中行之有效的设计手段，也就是在设计中把不相干的元素全部去除掉，不做过多的装饰，仅把必要信息组织到一起，达到整体和谐。网页设计中追求的简洁风格就是把必要的文字和图片使用简单直观的排版形式呈现出来，需要做到的是文字和图片之间没有干扰，文字清晰可读，图片清晰可见。

如图 4–37，这是一个时尚品牌网站的首页，页面中左侧的图片占有二分之一个版面，黑白的摄影风格奠定了整个网站的基调，文字组合排列在右半部的中心位置，与左侧图片遥相呼应，却“井水不犯河水”，简化到了极致。如图 4–38，页面的分割方式简单明确，图片的大小也保持了高度的一致，与文字排版的位置间隔有度，突显出设计语言的干练和直接。

文字与图片的对齐编排

同一个页面内的文字和图片在编排方式上要具有统一性，各自为政的编排，会让整个页面散乱无序。如果文字的信息与图片的内容是相对应的，作为图片的注解或者是详细说明，那就更需要它们二者之间密切配合，设计师要把它们看作是一个整体并统一安排，对齐方式就是安排文字与图片的一种有效处理方法。对齐方式我们并不陌生，之前的章节我们分别研究过文字和图片的对齐方式，在这里对齐的方法仍然适用，只是需要考虑得更为周密。

左右或者上下对齐的方式，在这里可以理解为是文字组合与图片之间的边线统一，只是这个边线更像是辅助线，是一种潜在的约束，并没有真实地显现在页面上。如图 4–39，这个网页中的图片和下面的说明文字之间就是运用了统一边线的方法，具体的对齐方式是左对齐，这种对齐极为常见，因为它符合人们阅读时从左至右的视觉流程，也会让网页看起来整齐、规范。再如图 4–40，在这个网页中，产品的图片与上方的注释文字之间运用了居中对齐的编排方式，虽然图片中的产品种类不同、大小各异，但是由于布局的方式相同，并不显得凌乱，反而看起来井然有序。

文字与图片色调的协调

网站中的色彩对比影响着页面的整体效果，良好的色彩对比可以提高整个网站的欣赏性，给浏览者带来愉悦或者惊艳的视觉心理。影响网页色彩的因素主要是网站的背景和图片，因为它们具有一定的面积优势，常会主导

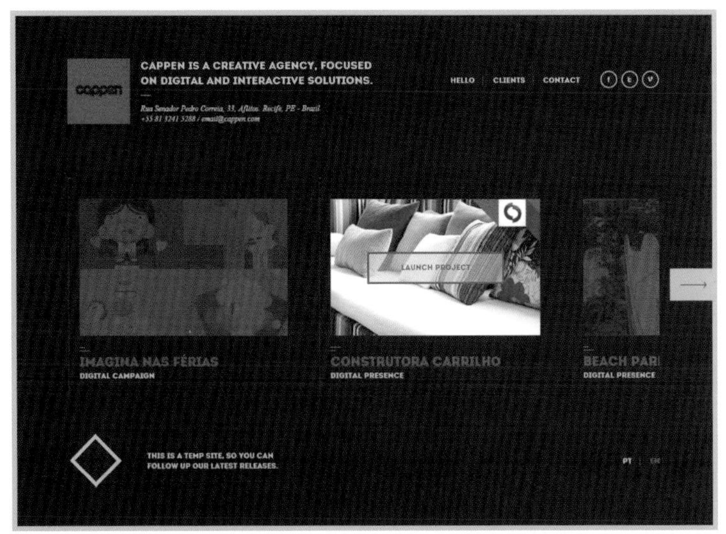

图 4-39

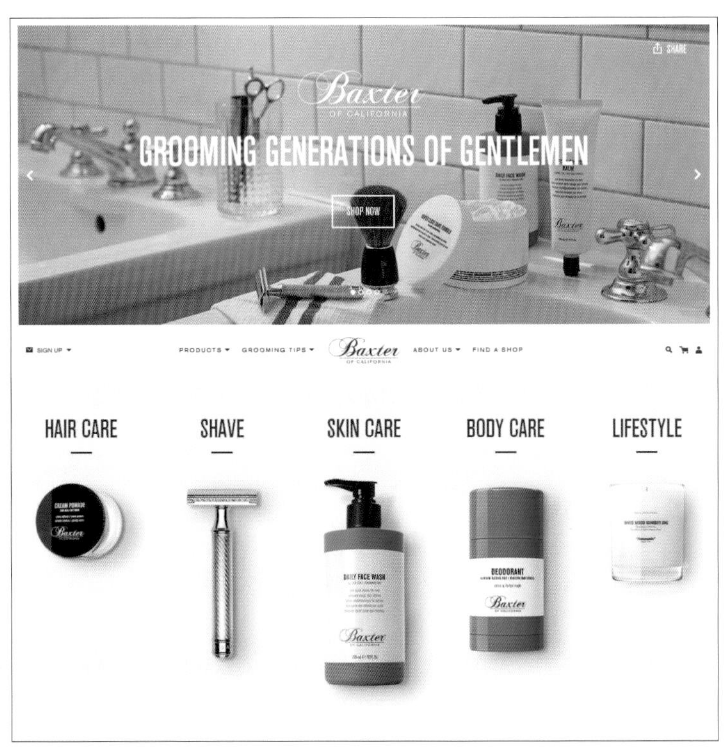

图 4-40

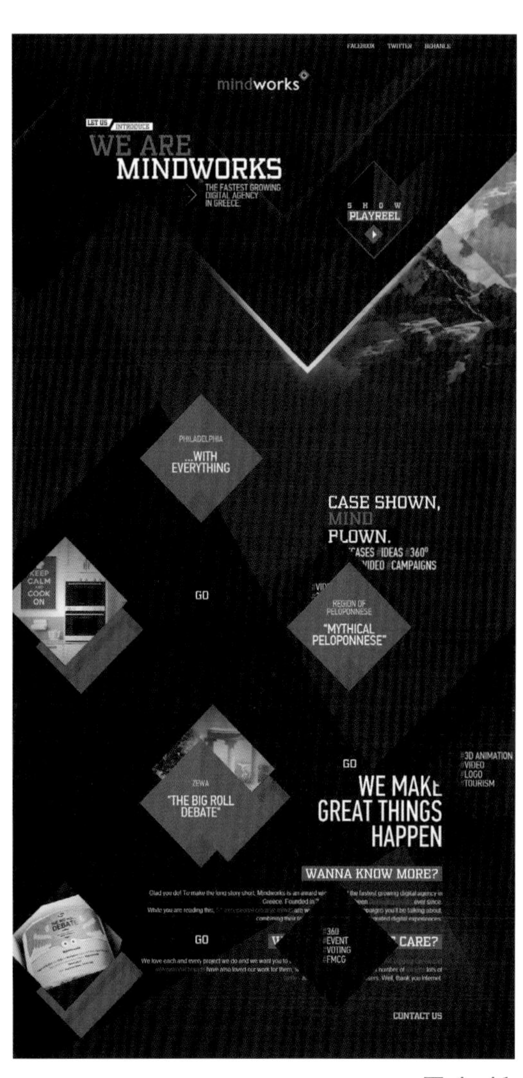

图 4-41

整个网站的色彩体系。此外，文字也是不容忽视的因素，在通常情况下，网页中的文字使用黑色或者白色的较为常见，因为黑白属于无彩色系，与其他的颜色搭配大多较为和谐，在浅色的背景上使用黑色文字或者深色的背景上使用白色文字，可视性都会较强，便于浏览者阅读。但是，一些彩色也可以作为文字的颜色使用，彩色文字可以增强画面色调的对比性、活跃页面气氛，还可以作为提示重点信息的手法。文字的颜色要与图片相协调，常见的方法是从图片中提取或者找到搭配和谐的颜色。

如图 4-41，这个网站中主要使用了黑灰色与洋红这个亮色作对比，切割的图片与背景色调相协调，又与洋红色块相叠加，使鲜、灰两种色彩在页面中互为补充，文字选择较明显的白色，但少量的信息选取洋红色做补充，与整个页面协调统一。如图 4-42，这个网页中的色彩比较接近，以黄橙色调为主，它的文字与图片信息都编排在方格之中，文字与图片的色调又和方格的色调互相补充，使整个网页展现出一种你中有我、我中有你的亲和感。

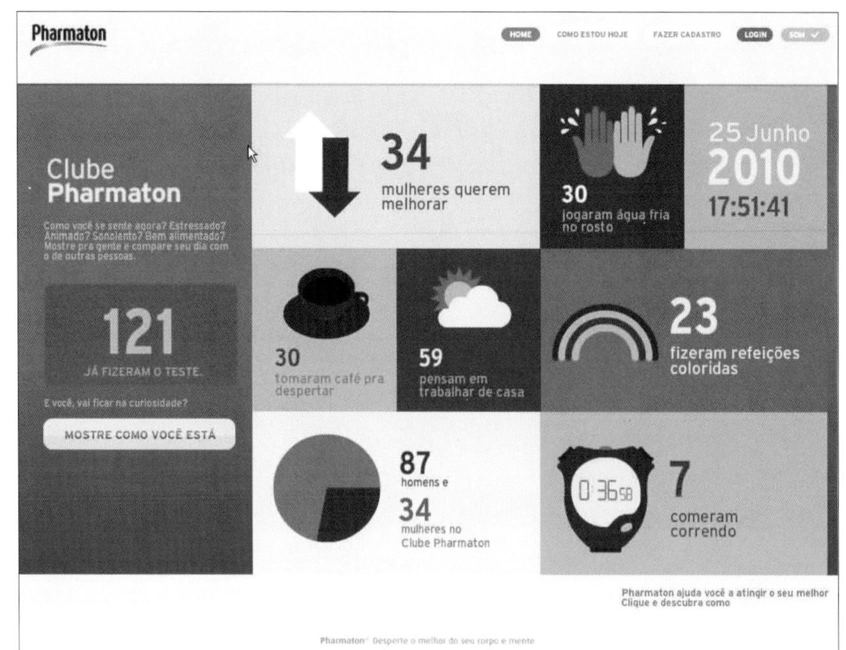

图 4-42

调整文字与图片的强弱关系

图文混排较难达到完美的原因是不容易找到各种元素的平衡点，比如，网站中的文字与图片就需要相互配合，才能够达到出人意料的效果。但如何把握这个对比度，就是一个值得研究的问题。我们也不能无限地强化它们之间的对比关系，有时为了达到整体的和谐，需要做出取舍，如在平衡文字与图片的关系时刻意减弱一方，来衬托出其他部分的精彩。

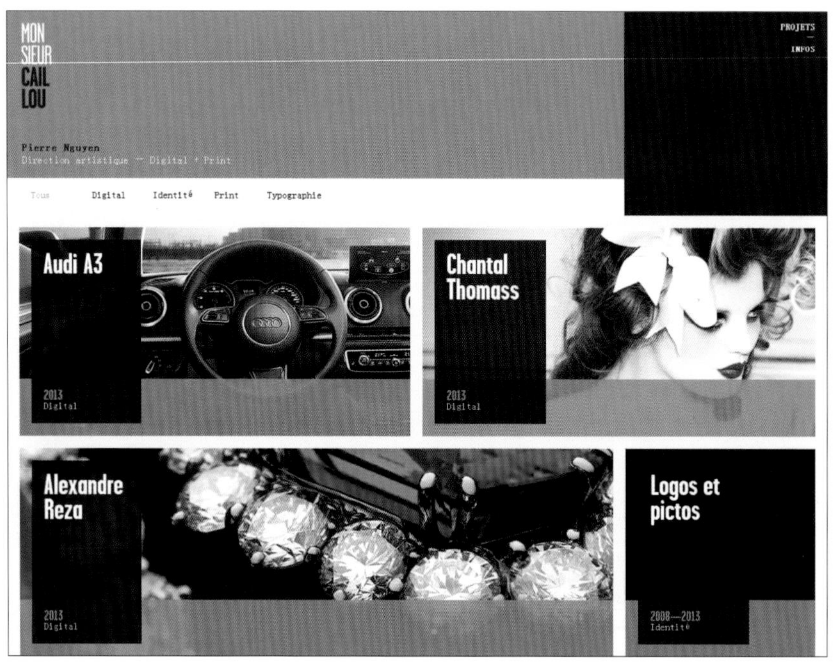

图 4-43

如图 4-43，这个网页上承载的图片十分诱人，在灰色的背景中呼之欲出，但图片的注释仍很重要，如何让浏览者既被光鲜的图片所吸引，又不会忽略这些文字信息呢？他们的解决方法是在文字的下面安排了一块半透明的黑色块，既衬托出白色的文字，又没有完全遮挡观众的视线。半透明区块的使用，在网站设计中屡见不鲜，已经成为设计师们较为认可的手段之一。

图 4-44

网页上的文字与图片信息也会分为不同的级别，有些信息会随着鼠标的滑动置于前景，其他的信息会做出相应的避让，例如颜色减淡或更加融于背景等。对于这些信息的强弱关系需要调整适度，以确保它们的可读性(图 4-44、图 4-45)。如图 4-46，网页上的文字和图片信息是叠放在一起的，为了使文字更容易被读取，对

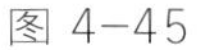
图 4-45

图 4-46

图 4-47

图片背景运用了模糊处理的手法，这种方法简单易用且效果突出，也受到了广大设计师的喜爱。如图 4-47，这个网页处理图文混排的方法略显极端，并非是普遍运用的强弱对比法，他们索性将文字和图片信息都进行放大处理，得到的结果是放大的元素更容易抓住浏览者的眼球。

文字的绕图编排

文字与图片的关系在版式设计中有时会很微妙，既要保持一定的距离，又要避免发生碰撞。在一个界面里，经常会需要在大段的文字中穿插图片，为了保证文字与图片各自独立的关系，就会用到文字绕图的方法。文字绕图是指在大段的文本中插入图片，文字会围绕图片排列，并留出一定空隙的编排方式。有时也会刻意将文字沿着图片边缘的走向排列，可以创造出一种优雅、亲密、体贴的感觉。

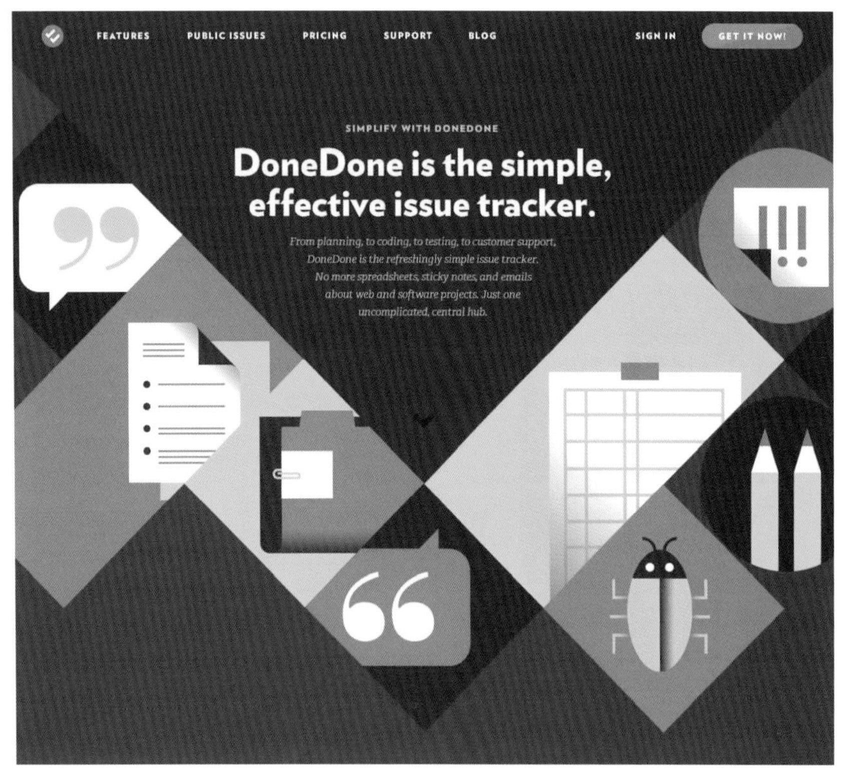

图 4-48

如图 4-48，网页中的图片排列给页面的中心区域留下一个倒三角形的空间，编排在这里的文字就像液体一样契合了这块特殊的形态，又适度地在图片之间留有空隙，使整个版面紧凑有序。再如图 4-49，这个网页色调柔美、雅致，文字注释的条目围绕着水果图片排列，得到了较好的流线效果，完美契合了网站的整体风格。

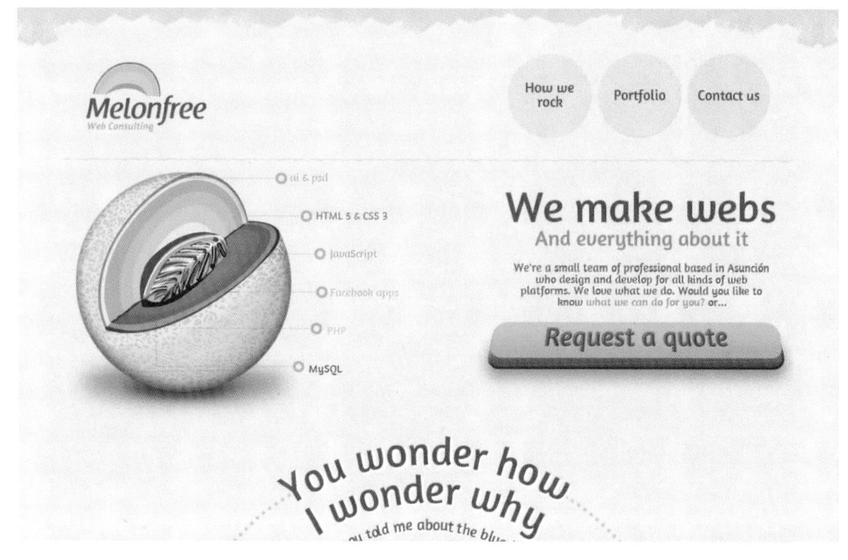

图 4-49

文字的图形化转换

在包括网页设计在内的整个平面设计中，文字与图片的关系并不是对立的，它们有时是可以相互转化的。文字的形态、笔画本身就有图形化的特点，文字可以是图片的一部分，图片也可以组成文字来表达特殊效果，当然这种处理的方法也比较苛刻，文字需要失去文本的属性，转换为图片的格式，在需要文字的地方，用这种图片格式的文字来替代。这种创意的字形会带来更加精彩的网页美感，也是让设计师们乐此不疲的技巧之一。

如图 4-50，这个网站的界面干净利落，全景的图片背景与三栏式的文字布局搭配和谐，但仅有这些似乎也会略显平淡，上部的文字好似由无数半透明条块拼接组成，经过这种图形化的创意，让它成为了整个网页的点睛之笔。如图 4-51，网页中的主体文字融进了图片的纹理，这种剪贴方式使网站充满了神秘感，令图片成了文字的一部分。

图 4-50

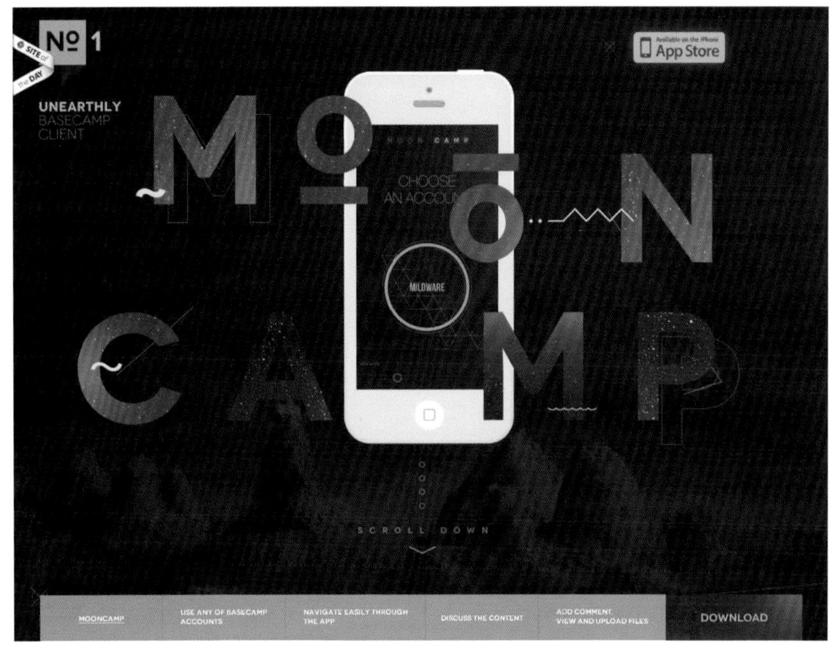

图 4-51

思考题

1. 网页的常见规格尺寸有哪些？
2. 什么是网格？网页设计中的网格系统是什么？
3. 网页中常见的网格布局有哪些？
4. 思考网页设计中图片编排应注意的问题。
5. 思考网页设计中图文混排的技巧。

第五章

网页设计的色彩

图 5-1

色彩是人们对周围世界的一种视觉感知，在我们的现实生活里和自然界中都存在着各种各样的色彩，色彩本身也具有非常奇妙的表现力，它可以促进人们在大脑中对某些事物产生联想和记忆。在设计中，色彩可以增添画面的魅力，吸引观众的视觉注意力，使其印象深刻，并把这种较长的印象留存在记忆中。网页设计的色彩对整个网站的形象至关重要，由于色彩具有较高的识别性，相对于文字、图形等元素，往往会给浏览者留下较深的第一印象。合理的色彩搭配可以让网页中的众多元素趋于协调，网站也可以通过色彩要素来彰显自身的个性，或者引导观众产生心理共鸣，以此引出网站要向观众传达的思想。总之，得体的网页色彩会大大提升网站的艺术感染力。但是，色彩的运用又不是一个简单的问题，网站中的文字、图片、图标、背景等元素都要有自身的色彩，怎么搭配才能恰如其分地表达出网站的内涵呢？在这一章里，我们主要研究的就是网页中的色彩运用。(图 5-1)

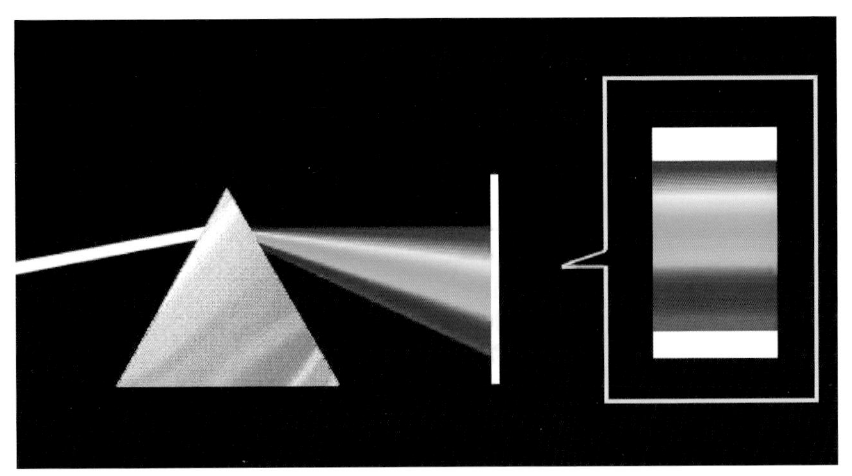

图 5-2　三棱镜实验

色彩理论基础

在我们的生活里，充斥着五彩斑斓的颜色，它们无时无刻不刺激着我们的视觉神经，影响着我们的情绪变化，如果想认识它、驾驭它，还需要我们从色彩的基础理论开始了解。

色彩的视觉原理

人们在日常生活中可以感知到色彩，但是为什么白天可以看到周围千变万化的色彩，在晚上黑暗的环境里则会辨认不清？这显然是没有光线的缘故，因此，可以说没有光就没有色彩。光在物理学上讲是一种从宇宙射入地球的电磁波，但是人类所能看到的电磁波非常有限，波长在 0.39~0.77 微米之间的电磁波，人的眼睛才能感知到，我们称之为可见光。1666 年，英国物理学家牛顿做了一个著名的三棱镜实验，他将一束太阳光通过三棱镜分解为红、橙、黄、绿、青、蓝、紫七色光斑，这个光斑被称为光谱。牛顿推断太阳光就是由这七色光混合而成的，太阳光通过三棱镜的分解叫作色散。（图 5-2）

光在传播时有直射、反射、透射、漫射、折射等多种形式。光直射时直接传入眼睛，我们感受到的是光源色。当光照射物体时，光从物体表面反射到眼睛，人们感受到的是物体表面的色彩。当光照射的是玻璃之类的透明物体时，人们看到的是透过物体的穿透色。在光的传播过程中，受到物体的干涉时，会产生漫射，漫射对物体表面的色彩有一定影响。光线通过不同物体时，产生方向的变化，则称为折射。

自然界的万物大都本身不会发光，但是都具有选择性地吸收、反射、透射色光的特性。举例来说，当人们看到红色的苹果时，是因为苹果将七色光中的红色波长反射出去，将剩下的色彩都吸收了，被反射出去的红色光进入人们的眼睛，所以，人们感知到的颜色就是红色。如果物体将光全部反射出去，那么物体看上去就是白色，如果全部吸收，看到的就是黑色。当然，任何的物体对色光不可能全部地反射或吸收，因此，实际上不存在绝对的白色和黑色。

色彩的分类

在现代色彩学里，可以把颜色分为无彩色系、有彩色系，以及特别色等三种类型。

1. 无彩色系

无彩色系指的是黑、白、灰等颜色，其中的灰可以理解为是由黑和白混合出来的各种明暗层次的灰色。在色彩学里，无彩色也是一种色彩。

2. 有彩色系

有彩色系是指除了无彩色系以外的所有色彩，它们都可以统称为有彩色。也可以理解为是可见光谱中的红、橙、黄、绿、青、蓝、紫，以及它们混合所得到的所有色彩。

3. 特别色

在实际的色彩运用中，还有一类颜色不同于有彩色和无彩色，在使用效果上具有特殊性，被称为特别色，如金色、银色、荧光色等。它们是随着现代设计和现代印刷技术的发展孕育而生的，除了不同的颜色外，还能表现出不同的光泽感，丰富了设计作品的视觉效果。

色彩的属性

对色彩进行归纳和整理最重要的就是掌握色彩的属性，具体是指色彩中最重要的三个性质：明度、色相、纯度，它们是人的视觉最易分辨出的三种变化，也称为色彩的三要素。

1. 明度

明度是指色彩的明亮程度。各种物体由于反射光量的不同而产生颜色的明暗变化，较亮的颜色就是明度较高，较暗的颜色也就是明度较低，我们可以理解为明度最高的颜色是白色，明度最低的颜色是黑色。高明度的颜色会给人轻薄、淡雅的感觉，低明度的颜色会给人沉重、浓厚的感觉。对于颜料来说,如果想提高颜色的明度,可以混入白色,如果混入黑色,则降低了它的明度。

2. 色相

色相是指色彩的相貌，是区别各种不同颜色的称谓。在可见光谱中,红、橙、黄、绿、蓝、紫都是构成有彩色系里的最基本色相。

3. 纯度

纯度是指色彩的鲜艳程度。我们的视觉能辨认出的颜色,都具有一定程度的鲜艳度，鲜艳度较高的就是高纯度颜色，较为暗淡的就是纯度较低的颜色，当纯度降到最低时,就会变为无彩色。在同一个色相中，明度和纯度都有可能不同，纯度的变化会让色彩显得丰富而有层次。对于颜料来说,在一个颜色里加入黑、白、灰等无彩色，颜色就会变得灰暗了,也就是它的纯度降低了。

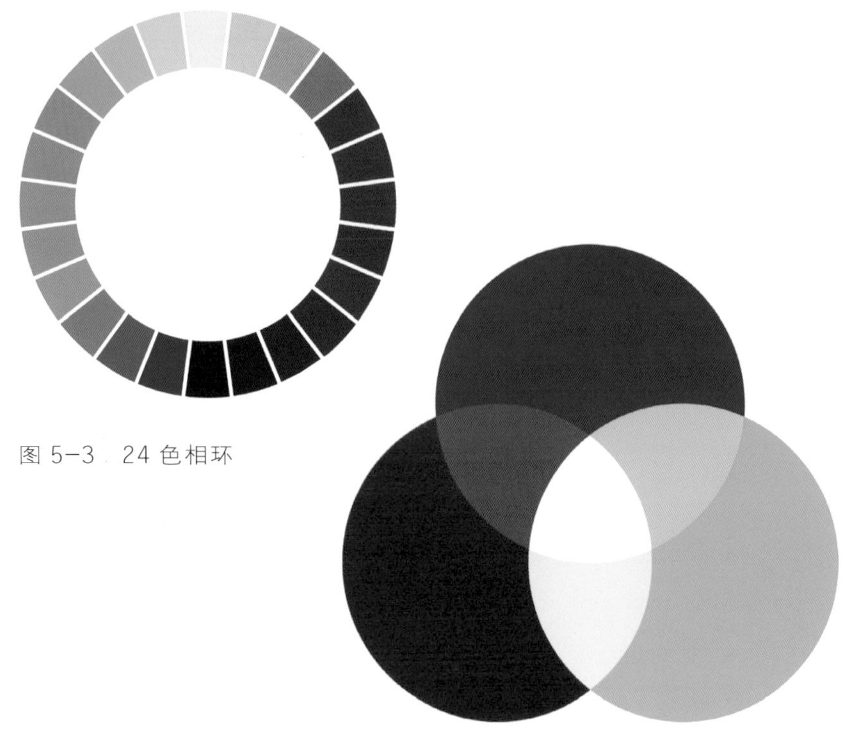

图 5-3　24 色相环

图 5-4　光的三原色

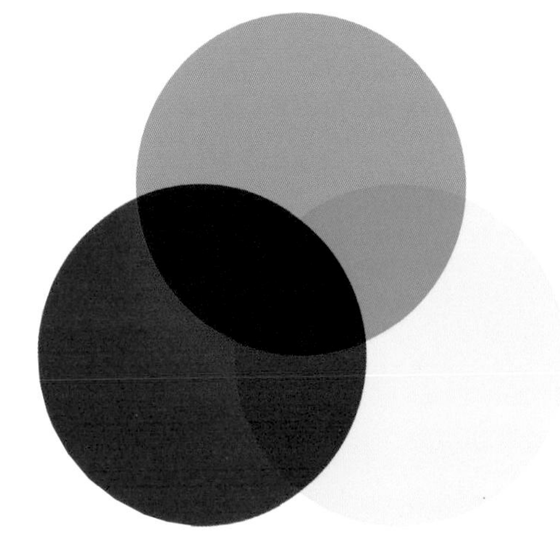

图 5-5　颜料的三原色

色彩的体系

对于色彩体系的研究，历史上有很多位色彩学家为此做过贡献，他们把色彩按照一定的规律和秩序排列起来，以便在实际工作中运用，色相环和色立体就是最为常见的两种形式。色立体是根据色彩的三要素的变化关系，借助三维空间，以地球仪为模型组成的立体模型。色相环是根据牛顿的三棱镜实验，将得到的七种颜色,红、橙、黄、绿、青、蓝、紫，按顺序首尾相接，围成的一个圆环。后来为了研究和运用的方便，把青色归入蓝色，就形成了最基本的 6 色相环，将这个色相环上相邻的两色混合可以得到二次色、三次色的组合,因此,也就形成了 12 色相环、24 色相环。(图 5-3)

在对色彩体系的认识中,我们还需要搞清楚原色、间色、复色的概念。原色是最基本的色彩,它是不能通过其他颜色混合得到的颜色,因此也称为基色。原色根据混合的方式不同又可分为光的三原色和颜料的三原色。光的三原色主要用于屏幕显示,选用红、绿、蓝三种颜色。(图 5-4) 颜料的三原色主要用于印刷,选用红、绿、蓝的补色,即青、品红、黄三种颜色。(图 5-5) 间色又称为二次色或者次生色,它是指由任意两种原色混合得到的颜色,例如,红色与黄色混合出橙色；黄色与蓝色混合出绿色；蓝色与红色混合出紫色。在混合时,每种原色的分量不同,也会混合出丰富的间色。复色又叫三次色,是指由原色和间色混合出来的颜色,例如黄色与橙色混合出黄橙色；红色与紫色混合出红紫色;蓝色与绿色混合出蓝绿色。它们在色相环上位于原色与间色之间。

色彩的混合

色彩混合是指把不同的颜色混合在一起，产生新色彩的方法。根据混合原理的不同，色彩混合的方式分为加色混合和减色混合两种。

1. 加色混合

如果把不同颜色的色光混合在一起，就会得到更加明亮的色光，如果把所有的色光混合在一起，就会得到非常强烈的白色色光，因此，把光的混合方式称为加色混合。加色混合也叫正混合，如图 5-4 中，我们可以看到光的三原色中，红、绿、蓝相互混合，明度就会增加，三色同时混合会得到白色。电视、电脑、手机、舞台照明等都是采用加色混合的原理处理色彩的。

2. 减色混合

如果把多种绘画颜料混合在一起，就会得到更加灰暗、浑浊的色彩，因此，把这种颜料的混合方式称为减色混合或者负混合。如图 5-5，颜料的三原色相互混合后得到的颜色都比原来要深，如果将三种颜料同时混合，理论上就会得到黑色。印刷和打印就是采用减色混合的原理，但是一般会在这三色的基础上加一个黑色来合成。这是由于我们采用的油墨不纯，不能完全地混合，无法得到饱和的黑色，在印刷中加入黑色，可以增强画面的对比度和暗部层次。

色彩模式

我们在图像处理中会接触到各种各样的颜色，色彩模式就是将这些颜色表现为数字形式的模型，也可以说是一种记录图像颜色的方式。由于设计应用的对象不同，我们必须了解各种颜色模式的原理和它们之间的关系，才能更好地处理和修改色调，以达到精彩的图像效果。比较常用的色彩模式有 RGB 模式、CMYK 模式、HSB 模式等，这其中包含了适用于屏幕显示和印刷设计的色彩模式，下面我们逐一了解一下。

1. RGB 模式

RGB 分别代表红色(Red)、绿色(Green)、蓝色(Blue)，是基于三原色光的混合原理，又称为三原色光。RGB 三种颜色都是按照从 0(黑)到 255(白色)的亮度值分配的，也就是各有 256 级亮度，当它们混合后，便会产生出 256×256×256，约等于 1678 万种色彩，理论上可以还原自然界中存在的任何颜色。

单独就 R、G、B 来看，当数值为 0 时，代表这种颜色不发光；当数值是 255 时，则表示该颜色为最高亮度。当 RGB 三个数值都为 255 时，颜色就表示为纯白；都为 0 时，屏幕上就是纯黑。RGB 的数值分别为 255、0、0 时，表示只有红色存在，且亮度最强，绿色和蓝色光都没有。同理，绿色数值就是 0、255、0，蓝色就是 0、0、255，黄色比较特殊，是由红色光和绿色光相加而成，数值就是 255，255，0。

RGB 模式通常用于屏幕和视频图像的显示，无论在软件中使用哪种色彩模式，图像最终都是以 RGB 的方式来呈现。

2. CMYK 模式

CMYK 色彩模式是一种印刷模式。在设计海报、书籍、杂志、包装、画册等印刷品时需要用到这种色彩模式。CMYK 分别指青(Cyan)、洋红(Magenta)、黄(Yellow)、黑(Black)，它们在印刷中代表四种颜色的油墨。

它与 RGB 模式产生色彩的原理不同，RGB 模式是由光源发出的色光混合生成颜色的，而 CMYK 模式是油墨混合成色的，每个像素的每种印刷油墨都被指定了一个百分比值，较亮的颜色指定的油墨百分比较低，而较暗的颜色百分比较高，例如，在 CMYK 模式的图像中，当四种油墨量全部是 0%时，就会产生白色。如果 K 是 100%时，就会是黑色。当这些颜色相互叠印时，亮度就会降低，所以，CMYK 模式混合颜色的方法是减色混合。

(三)HSB 模式

HSB 模式是基于人对颜色的心理感受的一种颜色模式，HSB 分别是指颜色的色相、饱和度、明度三个因素，英文为 H(Hue)、S(Saturation)、B(Brightness)，HSB 色彩模式就是描述颜色的这些基本特性的。色相是在 0~360 度的标准色轮上按位置度量的；饱和度是用从 0(灰色)~100%(完全饱和)的百分比来度量的；明度通常是用从 0(黑)~100%(白)的百分比来度量的。HSB 模式比较直接、直观，也最接近人们对色彩辨认的思维方式。

色彩与心理

人类对色彩的感知经历了一个漫长的历史过程，物体的形状和色彩是带给人们的最基本的视觉反应，随着人类社会的发展，在人们的日常生活中，色彩发挥着越来越重要的作用，逐渐成为最响亮的视觉符号，人们在感受着周围绚丽多姿的色彩世界时，对色彩的认识和运用也在不断地深化、提高。当人们看到红、橙、黄等色彩时，就会感受到一股暖意，当看到青、蓝、紫等色彩时，则会感受到一股寒意，这就是人们对色彩冷暖的感知。一些明度和纯度都较高的暖色，会更吸引人的注意，而一些明度和纯度较低的冷色，对人们的视觉刺激就较弱，这会让我们感知到不同色彩之间的注目性也是有很大差别的。

一般看来，明度和纯度较高的颜色，给人感觉更加轻盈，而明度和纯度较低的颜色会给人感觉更有分量感；暖色比冷色更具有前进的感觉，而冷色会具有后退性。有时同一种颜色也会根据色彩背景的不同而得到不同的对比效果。我们来做几组对比，如图 5-6，同一种橙色在深红中比在明黄中显得明亮；如图 5-7，同一种灰色在蓝色中偏暖，在橙色中偏冷；如图 5-8，同一种黄灰在黄色中能保持其独立，而在灰色中却被同化；如图 5-9，面积相同的灰色在浅色底中似乎比在黑色底中显得深而小。这些都是色彩给人带来的心理效果。此外，世界各地不同民族、不同国家的人们对色彩也会有着不同的感知，这是由于地理环境、民族习俗、宗教信仰的不同而产生的审美差异。

人们在长期的生活实践中积累了对不同色彩的视觉感受和心理状态，为各种色彩赋予了具体的象征性和抽象的情感，使人一看到某种色彩就会联想到具体的事物，引起特定的心理感受和遐想。每一种色彩给我们的感受都会不同，如果我们能够合理地、客观地分析出这些颜色给人们心理带来的差异性，将能更加有效地指导我们运用色彩。接下来我们将逐一分析每种色彩带给我们的心理感受。

红色是一种令人兴奋的、充满激情的颜色，它的这种刺激效果会让人充满活力、积极向上、热诚忠贞，也容易造成冲动、愤怒的情绪。看到红色，常常会让人联想起太

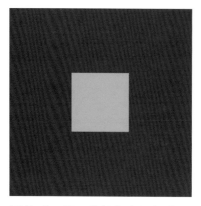

图 5-6　同一种橙色在深红中比在明黄中显得明亮

图 5-7　同一种灰色在蓝色中偏暖，在橙色中偏冷

图 5-8　同一种黄灰在黄色中能保持其独立，而在灰色中却被同化

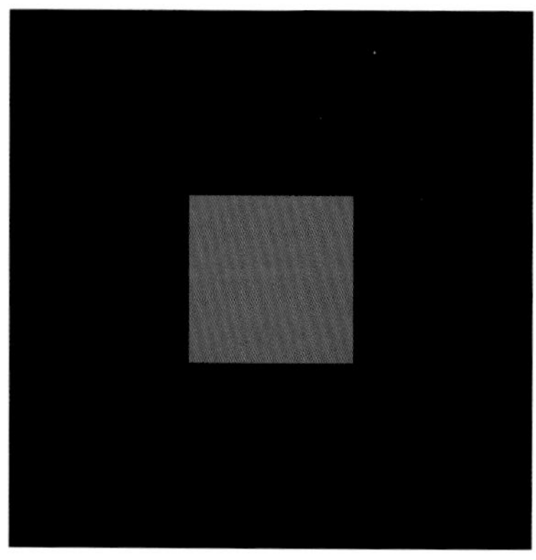

图 5-9　面积相同的灰色在浅色底中似乎比在黑色底中显得深而小

图 5–10

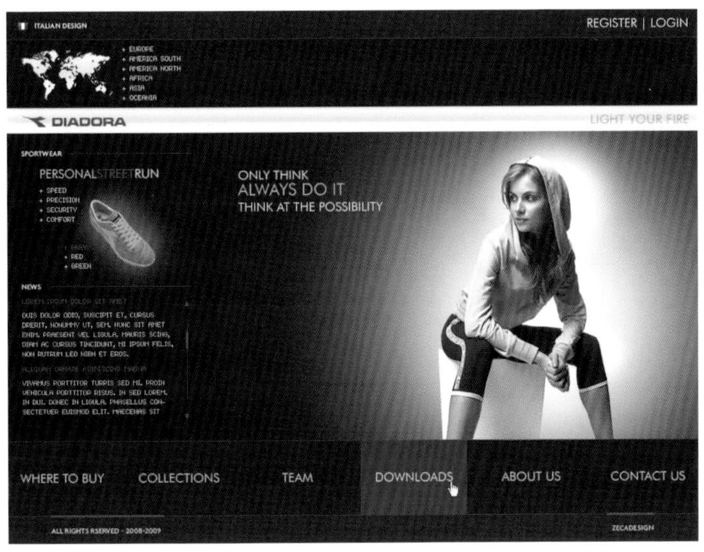

图 5–11

图 5–12

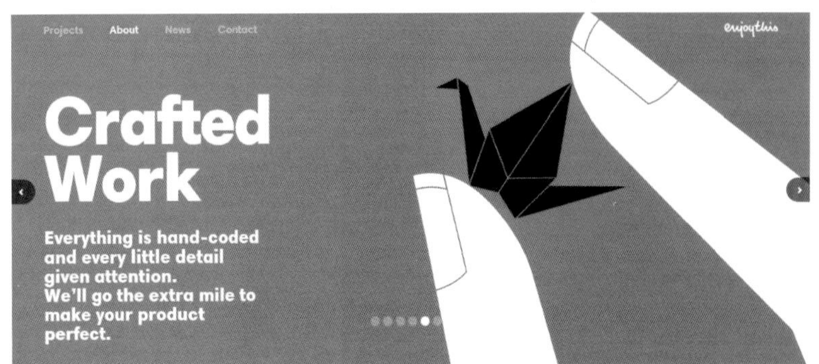

图 5–13

阳、火焰、鲜花、鲜血等具体形象。红色也比较容易吸引人们的注意力，常用于危险、警告、禁止等警示标志上。低明度的红色则显得深沉、凝重，能够营造出古典的氛围。(图 5–10、图 5–11)

橙色是一种轻快、时尚、富有青春活力的颜色，让人充满能量、产生激情，常会使人联想起阳光、橘子、夏天，给人带来兴奋、温馨、欢乐、幸福的感觉。橙色类似于红色，属于刺激性较强的颜色，也容易引起人们的吵闹、暴躁、嫉妒等情绪。橙色的这种注目性较强的特点，使它常作为警戒色，应用在救生衣、工作服、户外体育用品等上面。(图 5–12、图 5–13)

图 5-14

黄色是一种活泼的颜色，给人以明亮、快乐、轻松、智慧的印象，常会让人联想起月光、麦田、香蕉、柠檬、向日葵等具体形象。它的明度较高，给人以信心和能量，带来幸福和希望的憧憬，是人们心理接受度较高的颜色。同时，黄色具有强烈的反光感，能够轻易抓住人们的视线，也带有强调和警示的作用，不同明度和纯度的黄色差别较大，会带来截然不同的视觉效果。（图 5-14、图 5-15）

绿色常见于植物的色彩，会让人联想起大自然、树叶、蔬菜等具体形象，给人以宁静、和平、希望、健康、生机的感觉。绿色是一种较为柔和的颜色，它的色相介于冷色和暖色之间，会带给人们安定、和睦、舒适的意境，常被应用在服务业、卫生保健、食品安全等行业中，它的色彩对人眼的刺激也较小，不易带来疲劳感，也常作为工作空间的配色。（图 5-16、图 5-17）

青色是一种清新、凉爽的颜色，常会让人联想起天空、湖海、山川、河流等具体形象，它也是一种能让情绪安定下来的颜色，较为素雅、清淡，给人心理上带来舒爽、平和、神圣的感觉，大多时候象征着希望和坚持，但有时也会带来忧郁的情绪。（图 5-18、图 5-19）

图 5-15

图 5-16

图 5-17

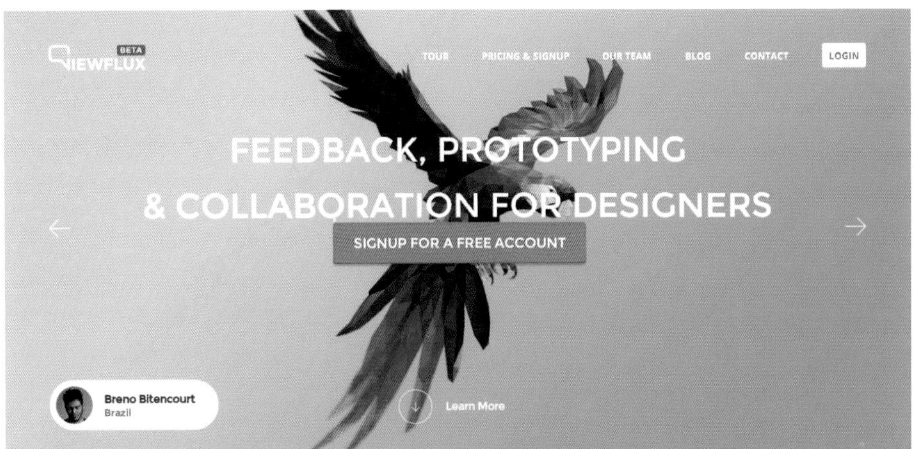

图 5-18

图 5-19

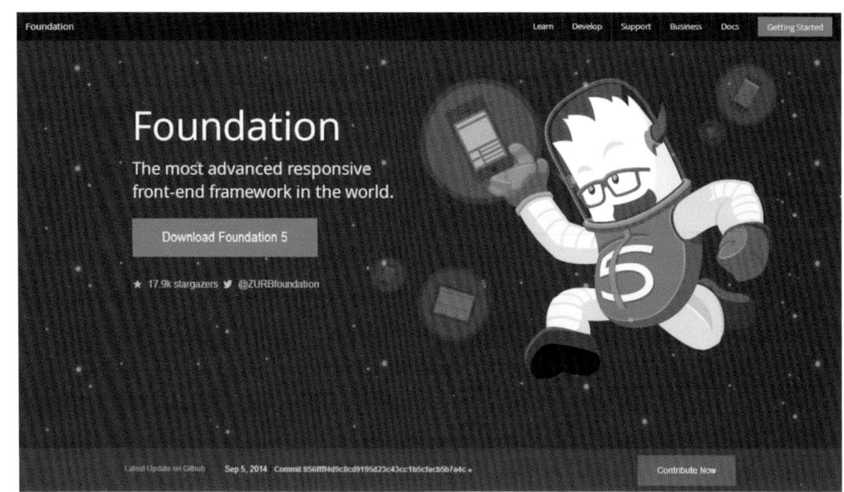

图 5-20

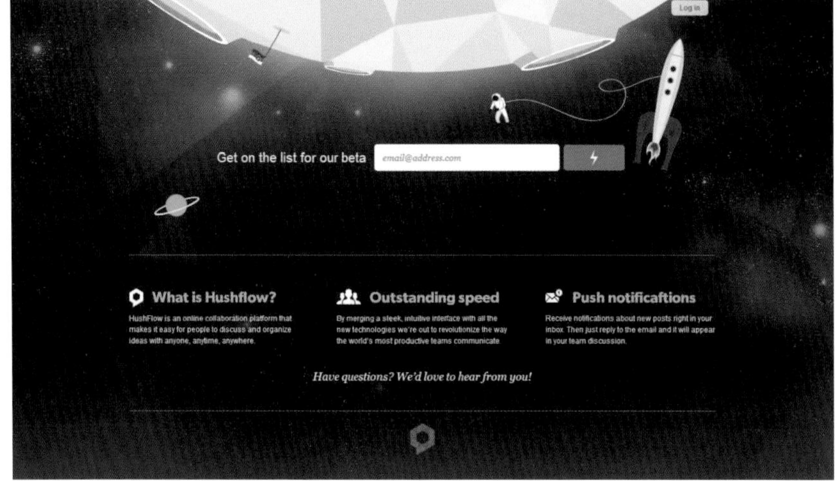

图 5-21

图 5-22

蓝色常让人联想起广阔的天空、大海、冰川以及无垠的宇宙，是一种博大、永恒的色彩。它是色相中最冷的色彩，会给人以清爽、冷静、严肃、认真、清醒、智慧的印象，也会带给人冷酷、忧郁、凝重的情绪，但总体来讲，它是一种理性的色彩，让人镇定，心情放松。高明度的蓝色会给人淡雅、浪漫、宁静、悠远的气氛，低明度的蓝色则会显得幽暗、沉重和悲观。（图 5-20、图 5-21）

紫色在人的印象里是一种高贵的、神秘的颜色。在历史中，总会与贵族和权力联系在一起，代表着财富和奢侈，常会让人感觉到威严的、高高在上的、深沉的魅力。有时也会带来烦躁不安的情绪，给人以压迫感和威胁性，还有嫉妒、固执的印象。生活中的紫色常让人联想到葡萄、茄子、薰衣草、紫罗兰、紫水晶等具体形象。淡雅的紫色会给人温和、柔美、靓丽的感受，跳跃的紫色则会带给人冲动、生机勃勃的感染力。（图 5-22、图 5-23）

黑色给人以深沉、稳重的感觉，是一种比较安全的颜色，适合与各种颜色搭配，被称作永远的流行色。同时，黑色也会给人庄重、高贵的印象，人们生活中的服饰品设计、空间设计、工业品设计等各个领域，黑色都是被频繁使用的颜色。在多数情况下，黑色是优雅的、给人以力量的色彩，但是有时也会给人们带来悲伤、压抑、罪恶、恐怖、抑郁、邪恶等负面情绪。（图 5-24、图 5-25）

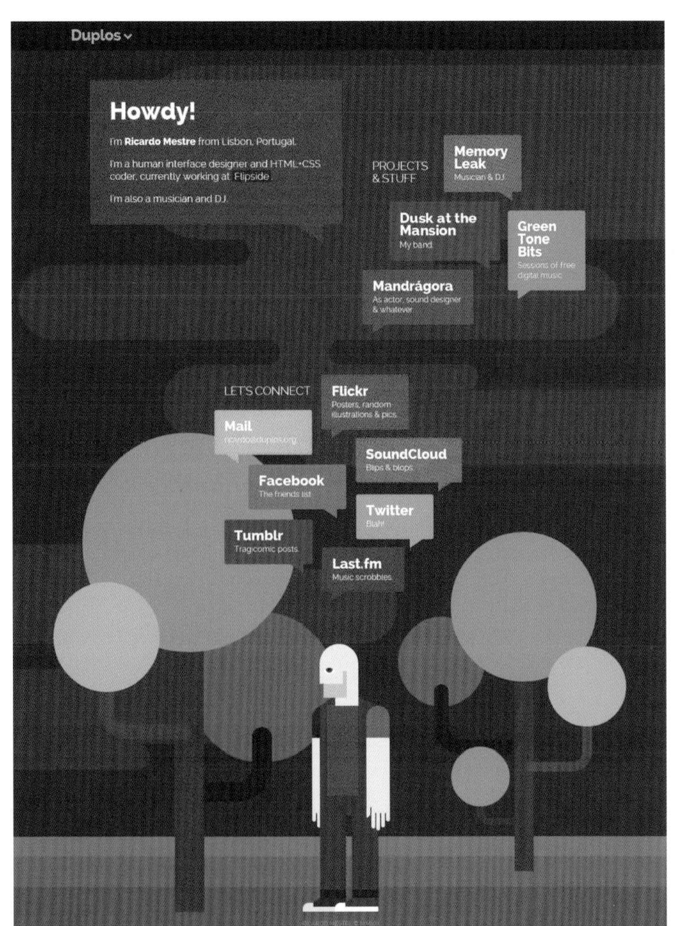

图 5-23

图 5-24

图 5-25

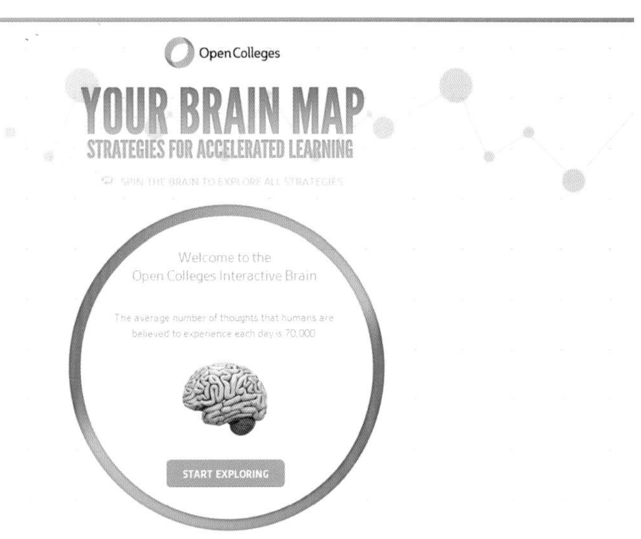

图 5-26

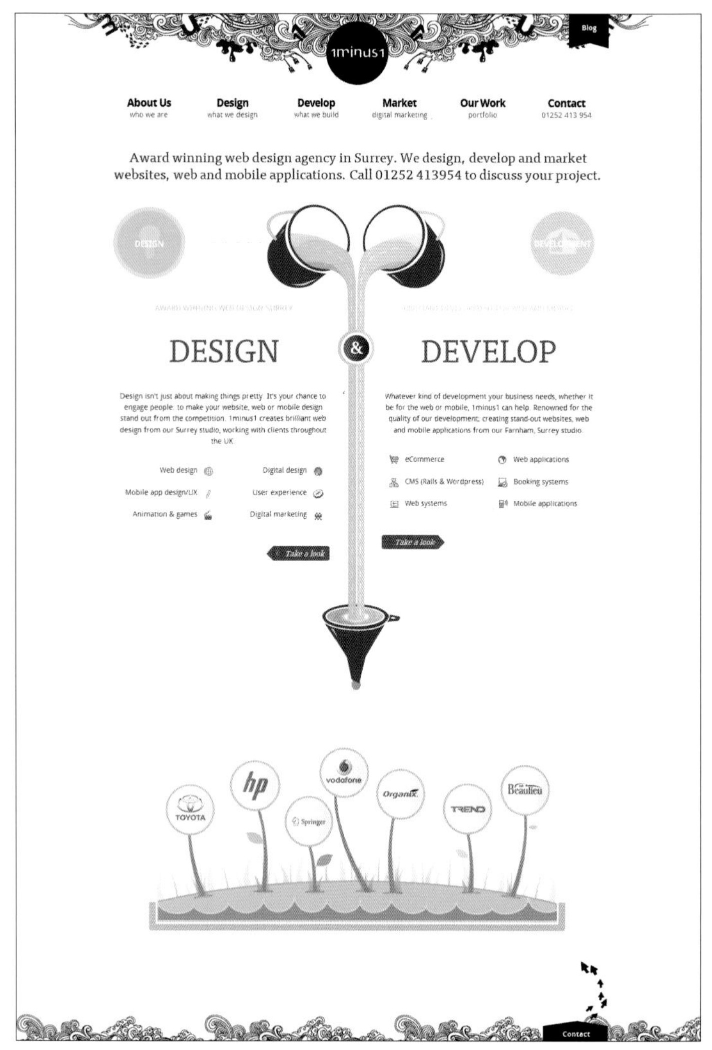

图 5-27

白色给人以纯洁、纯真、干净、完美、明快、圣洁的感觉，常让人联想到白雪、云朵、天鹅、婚纱、牛奶、棉花、纸张等具体形象。白色可以柔化任何色彩，在其他色彩中加入白色，可以使色彩变得含蓄、温和。白色与黑色是相对应的颜色，它们都可以作为百搭色参与到和其他颜色的对比中，但却总是以对方的存在来显示着各自的力量。白色适合做很多设计的背景，给人以平等、不争抢的效果，但有时也会给人带来严峻、冷漠、孤独的情绪。(图 5-26、图 5-27)

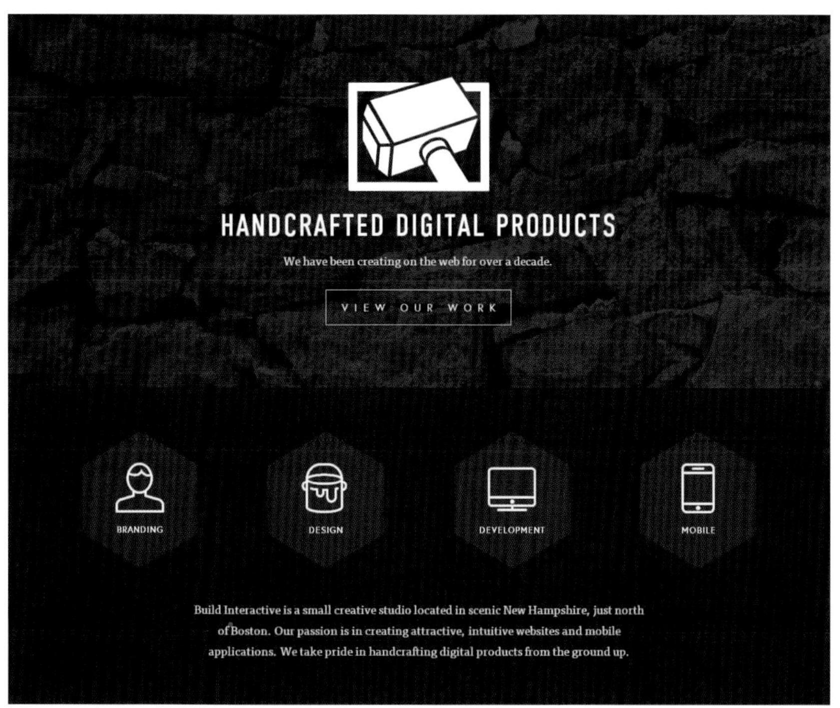

图 5-28

图 5-29

灰色是典型的中性色，它给人以安稳、低调、温和、中立、模糊、高雅的感觉，常让人联想到烟雾、乌云、马路、水泥墙面等具体形象。我们也可以把它看作是纯度消失后的色彩，能依靠周围的环境来表现自己的特点，比如当它靠近强烈的暖色调时，就会显示出偏冷的意味，当靠近冷色调时，又会显现出暖灰的倾向。灰色又是一种令人难以琢磨的颜色，在平静的外表下，常会表现出忧郁、消极、优柔寡断的感觉。(图 5-28、图 5-29)

网页中色彩的配色方案

我们在对色彩理论和色彩心理有了基本的认识之后，如何将这些色彩组织在一起为设计服务呢？这就是色彩搭配需要解决的问题。色彩搭配就是处理好色彩的统一和变化、对比与调和之间的关系，创建和谐、有效的颜色组合的方法。在作品中，每种颜色都是与周围其他颜色联系在一起的，它们之间是密不可分的，我们不能孤立地看待一种颜色的漂亮与否，而是要看它与周围环境结合后的适应性。我们掌握的色彩基础知识就是为了在实际作品中找到色彩搭配的感觉，创建出最佳的配色方案。

网页安全色

网页设计中的用色与其他媒介中的用色相比，会有一定的局限，如果颜色的使用超出了网页安全色的范围，则会造成同一网页的色彩，不同的用户会看到不同的显示效果。也就是说，网页设计师可能选择了非常漂亮的配色方案，但是在终端的每个用户浏览时看到的效果却不尽相同，也就没法把网页最好的设计理念传达给每个浏览者。

造成这个结果的因素主要有三个方面：一是操作系统的不同，目前，使用最广泛的操作系统有 Mac、Windows 等，它们内置的调色板之间存在着或多或少的差异，会导致显示出的效果也略有不同；二是硬件环境的不同，比如电脑中显卡的优劣，也会影响网页色彩的显示效果；三是网页浏览器的不同，浏览器内置的调色板也会有所不同，这会导致某些超出显示范围的颜色会产生一种抖动效果，或者是选取近似的颜色来代替。

为了解决网页的显色问题，人

们一致通过了一组网页安全色的标准，即 216 网页安全色。它是用相应的 16 制进制值 00、33、66、99、CC 和 FF 来表达 RGB 中的每一种颜色。这个颜色模型可以在任何终端用户的显示设备上得到相同的效果，在网页配色中使用，可以避免颜色失真的问题。它的制定是按照最低标准的 8 位色中，只能显示出 256 种色彩，其中又排除了 40 种可能在 Mac、Windows 系统中显示效果不同的颜色，最后得到了能安全使用的 216 种网页安全色。网页设计师们为了让所有浏览者都看到相同的网页效果，会尽量地选择、使用 216 网页安全色。（图 5-30）

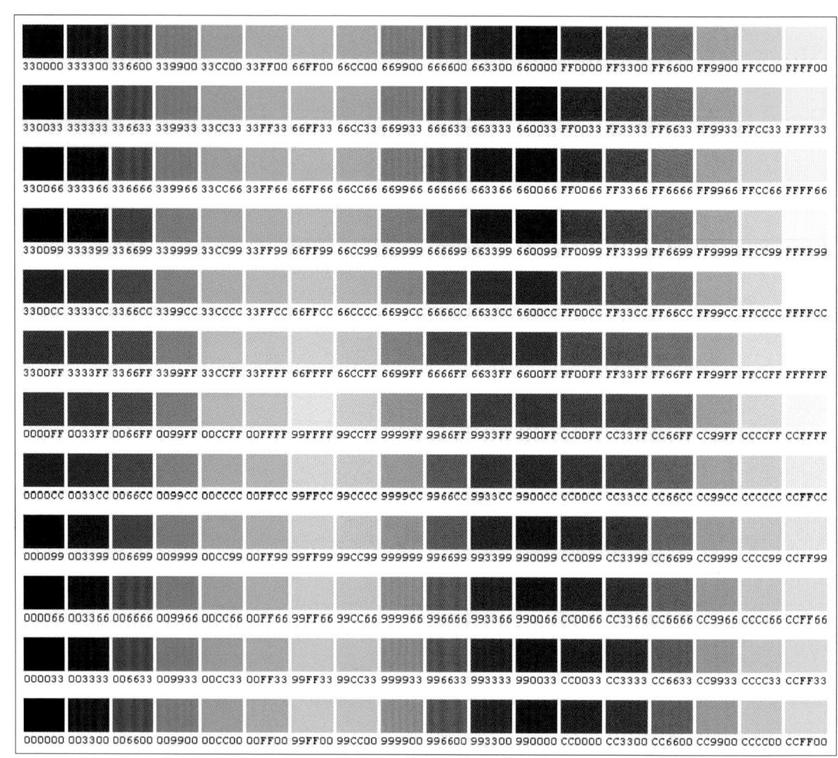

图 5-30　216 网页安全色

色彩在配色方案中的角色

一套完美的色彩搭配，需要其中各个颜色的密切配合，它们在同一个环境中发挥着各自的作用，对于整个设计作品来讲，它们都承担着不可替代的作用。按照色彩在整套配色方案中的角色，我们可以划分为主色、配色、背景色、辅助色、点缀色等。

1. 主色

主色即整套配色方案中最主要的颜色，好比电影、戏剧中的主角，其在整个界面中的位置最明显、清晰、强烈，对页面起着决定性作用。如图 5-31，这个网站色彩鲜亮夺目，几块高纯度色彩的强烈对比，让画面充满动感。在这几块颜色中，红色占了较大面积，位置也居于页面的中央，获得了更为强烈的视觉印象，因而成了页面的主色。

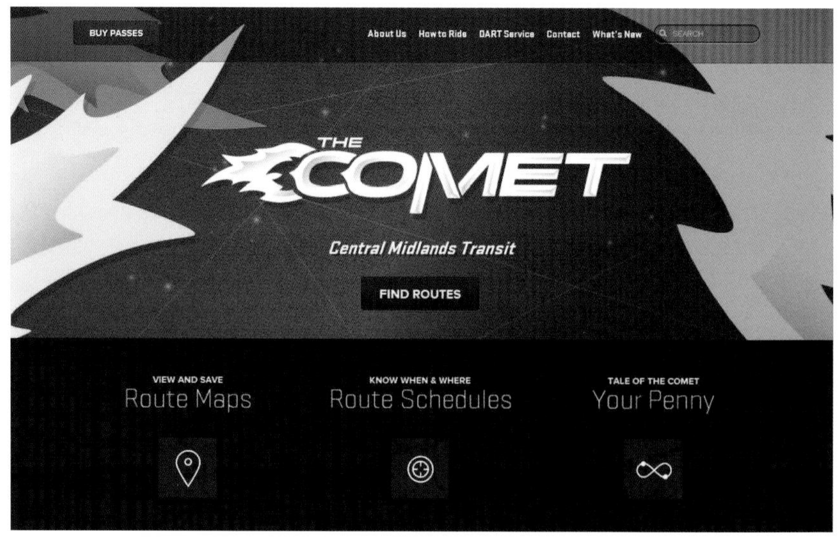

图 5-31

2. 配色

配色好比电影、戏剧中的配角，与主角关系紧密，对主角起到较大程度的衬托作用。配色在整套配色方案中的作用也是至关重要的，在色彩关系上，往往用来与主色做对比，构成整个页面的色彩框架。如图 5-32，这个网页的色调以黑白灰为主，但是用小面积空间安排了红色块面，并使红色在多个位置穿插出现，可以看出红色作为典型的配色，对调节页面气氛、增强鲜灰色调的对比起到了不可替代的作用。

3. 背景色

背景色主要是对主色、配色等颜色起到衬托作用的颜色，也可以说是网页的支配色，它虽然只是作为背景出现，但却往往会决定着浏览者对网站的整体印象。如果背景

图 5-32

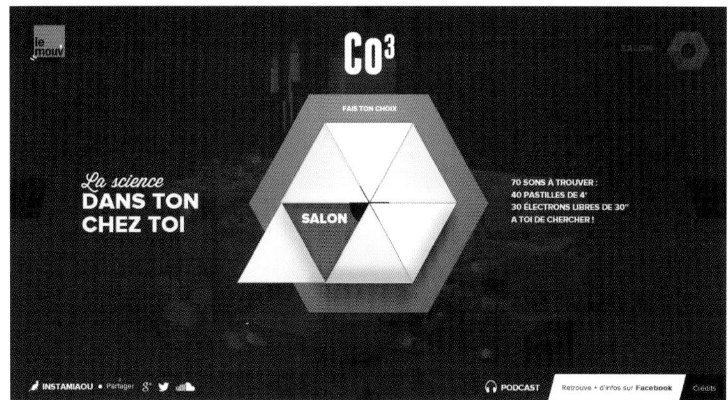

图 5-33

图 5-34

色鲜艳、亮丽，网站也会给人新鲜畅快的感觉，如果背景色淡雅、恬静，网站的风格也会倾向于温和、素雅。如图 5-33，这个网页的背景色较为含蓄，运用了纯度较低的橙色，较好地衬托出前景的信息，透明的色调使网站趋于优雅又不至于沉闷。

4. 辅助色

辅助色是指在配色中起到辅助和调和作用的颜色，它可以增加画面的层次，减小主色和配色之间的过渡对比，使整套颜色和谐相融。辅助色常在画面中不同的位置重复出现，这可以起到互相呼应的作用，使页面更加整体、统一。如图 5-34，这个网站的主体色调是蓝色，与小面积的橙色搭配显得鲜明、跳跃，并在大面积的蓝色中辅以淡青色，由于青色与蓝色的色相较为类似，并没有破坏整体的对比关系，却又增加了页面的丰富性和层次感。

5. 点缀色

点缀色一般在画面中出现的面积较小,并与主色调反差较大,色彩鲜亮的居多。它适用于配色略显沉闷的画面，用小面积点缀一些强烈的颜色，可以起到强调的作用，让整个页面增添轻松和动感。点缀色的面积较小,它的存在并不会影响色彩搭配的整体倾向。如图 5-35,这个页面选择了简单、素雅的风格,色彩上以浅灰色调为主，从中点缀了黄色的图标和按钮,使网页的风格富有情趣。

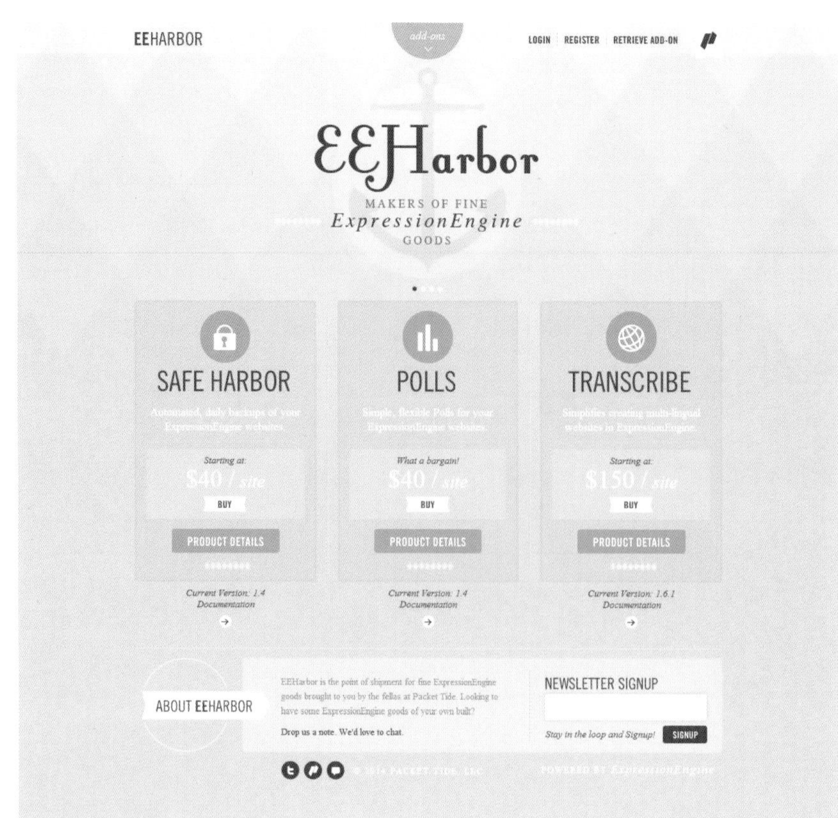

图 5-35

网页中色彩的配色方案

在网页设计的配色当中,我们通常会运用一组主要的色彩对比趋势来支撑整个配色方案,而这个对比趋势通常是就通过色相的对比展开的。之前提到的色相环就是一个直观反映色相之间关系的色彩模型，各种不同的色相在色相环上的距离也不尽相同,形成了各类色相的差异，我们根据色相的差别构成了以下四种经典的配色方案。

1. 单色调搭配方案

单色调搭配就是由单个色相和这个色相的不同明度、纯度以及透明度变化衍生出来的新色彩搭配在一起,构成的配色方案。这种色彩搭配虽然颜色单一，但是能使页面的色彩达到高度的统一，又有层次的变化。适合表现一些风格单纯、细腻、柔和的网站,运用这种色彩搭配的网站并不多，但是在众多色彩强烈的网站中反而会显得独树一帜,给浏览者带来耳目一新的感受。如图 5–36 的网站运用了不同明暗、鲜灰的橙色塑造出复古的风格，来表现这个餐厅的历史悠久和品质纯良。而图 5–37,亦是通过统一的蓝色调,来表现单纯的童心。

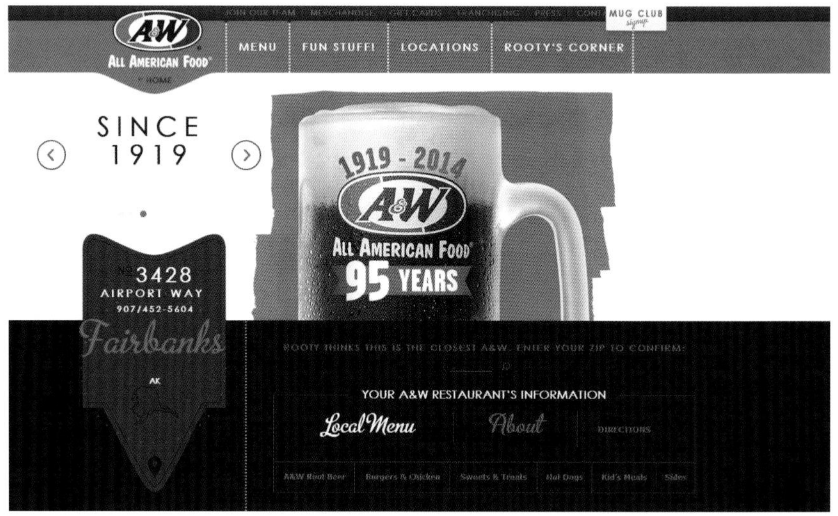

图 5-36 单色调搭配

2. 类似色调搭配方案

类似色调是指在色相环上相隔度数在 30~60 度的色相对比,比如黄色与黄绿色、紫色与蓝紫色构成的主体色调。这种配色方案要比单色调搭配色相关系对比明显,弥补了单色调过于单调、平淡的不足,会使页面既保持协调统一的关系,又增加丰富和活泼的气氛。将类似色调应用于网页设计会给浏览者带来和谐、雅致、耐看的色彩心理感觉。如图 5–38,网页的上半

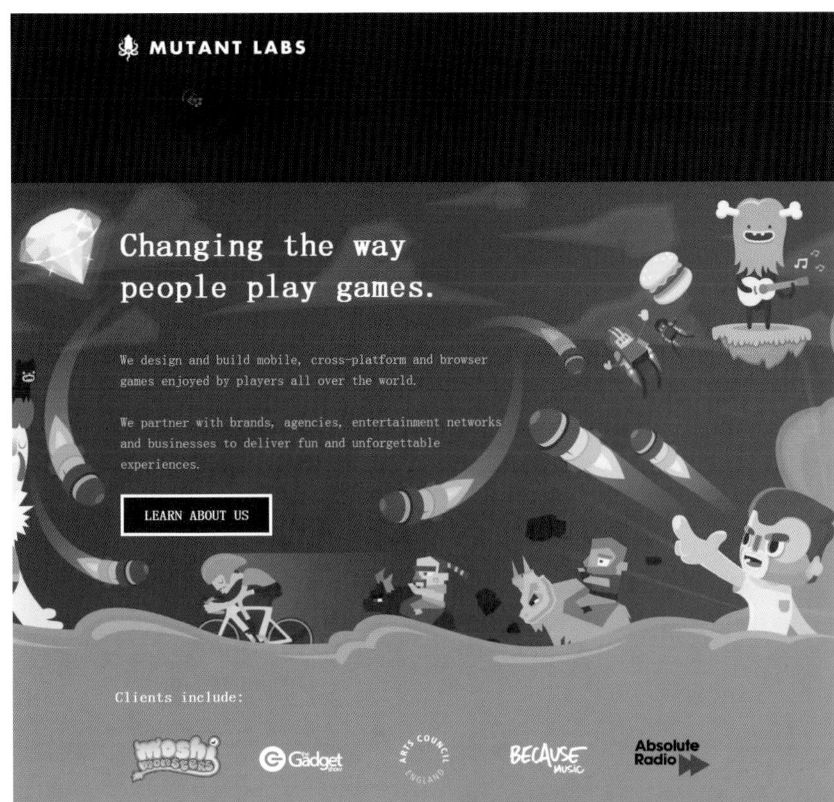

图 5-37　单色调搭配

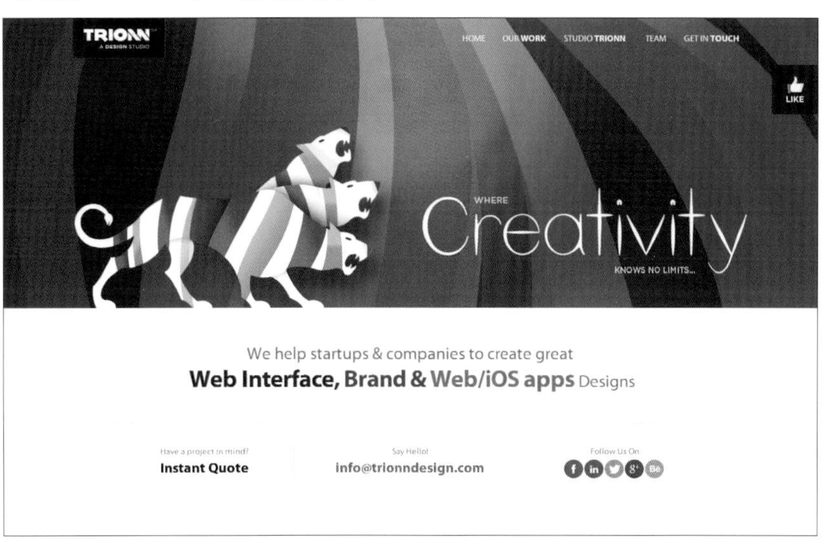

图 5-38　类似色调搭配

部是色彩的集中表现区，红色及红紫色的色调富有韵律感的排列，形成了既关联又灵动的对比关系。如图 5-39，网页中透露着一片温馨、单纯的气息，它的色彩对比含蓄、温和却不失变化，蓝色与蓝绿色之间不温不火的过渡，将浏览者带入舒适、恬静的气氛中。

图 5-39　类似色调搭配

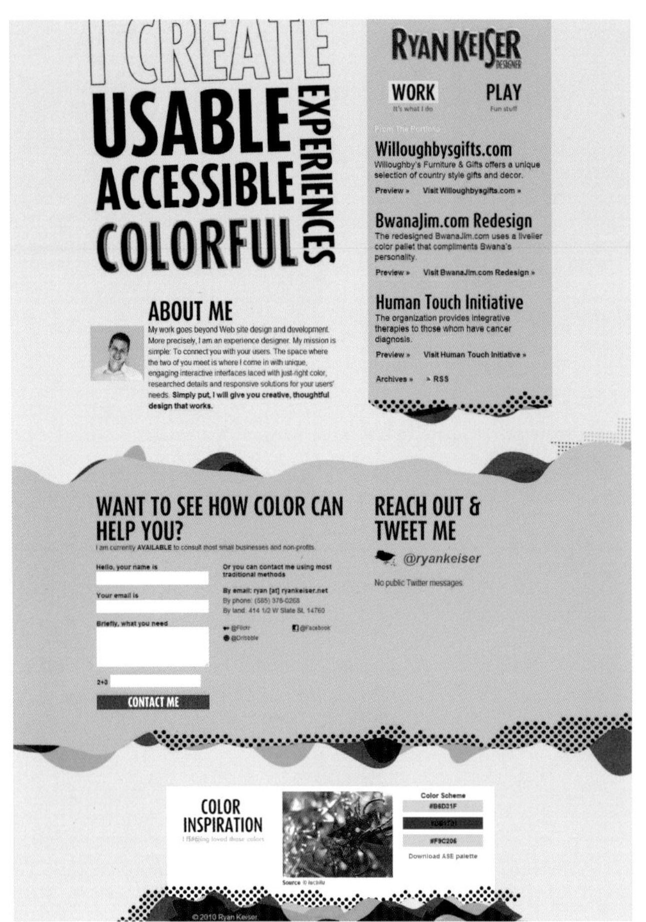

图 5-40　对比色调搭配

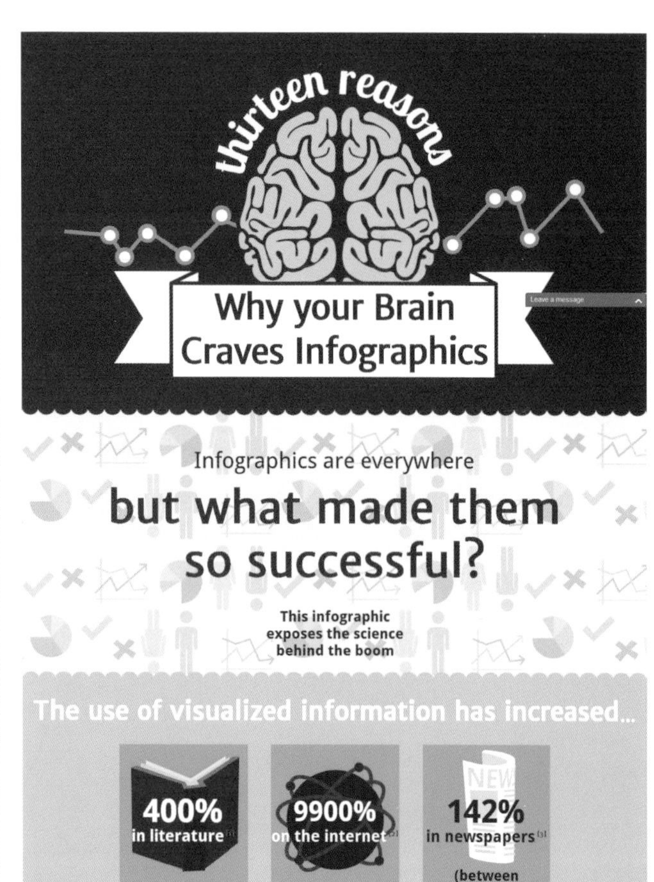

图 5-41　对比色调搭配

3. 对比色调搭配方案

对比色调是指在色相环上相隔度数在 120 度左右的色相对比，比如橙色和紫色、紫色和绿色、绿色和橙色之间构成的色相关系都是对比色调。这种配色方案要比类似色调的对比更加鲜明和强烈，它们的这种对比已经属于色相间的强对比，会给观众带来强烈、刺激的感受。运用对比色调配色的网站往往会得到饱满、丰富、动感的视觉效果，但是也容易引起浏览者心理的过分激动，造成视觉疲劳。在一些设计师的个人网站中，色彩的搭配往往自由大胆、彰显出自己的个性，如图 5-40，这个网页中青色与亮黄色构成的对比关系已经较强，再结合高饱和度的刺激，使这个页面鲜亮耀眼、活力四射。如图 5-41，纯平面化的色块对比，让这个页面干脆利落，洋红与青色的强对比中又混入淡青色和淡洋红，增加了色调的层次，缓解了视觉的过度紧张感。

4. 互补色调搭配方案

互补色调是指在色相环上相隔度数在 180 度左右的色相对比，比如红色和绿色、橙色和蓝色、黄色和紫色之间构成的色相关系都是互补色调。互补色是色相之间的最强对比，也会给画面带来强烈的刺激性。这种配色方案的恰当运用，可以起到色彩鲜明、突出重点的效果，但是运用不当，也会使画面色彩对比过于生硬、难以调和。所以，在运用互补色调的网页中要切忌简单地、平均地使用补色，在大面积的色彩中点缀小面积的补色，可以起到画龙点睛的作用。降低一些互补色彩的饱和度也是有效的调和手段。如图 5-42，网页在大面积的蓝色块中点缀少量的橙色，激活了整个页面的灵性，让浏览者眼前为之一亮。如图 5-43，同时降低洋红与绿色这对补色的纯度，让页面趋于安静、柔和，缓解了补色的喧闹感，又使页面的色彩泾渭分明。

网页中色调的控制

网页的配色除了以色相对比为主构成的几种色调以外，还与网页整体的明度、纯度有着密切的关系，在已知色相的基础上调整其明暗度和饱和度，会给浏览者带来截然不同的感受。在这个层面，我们

图 5-42　互补色调搭配

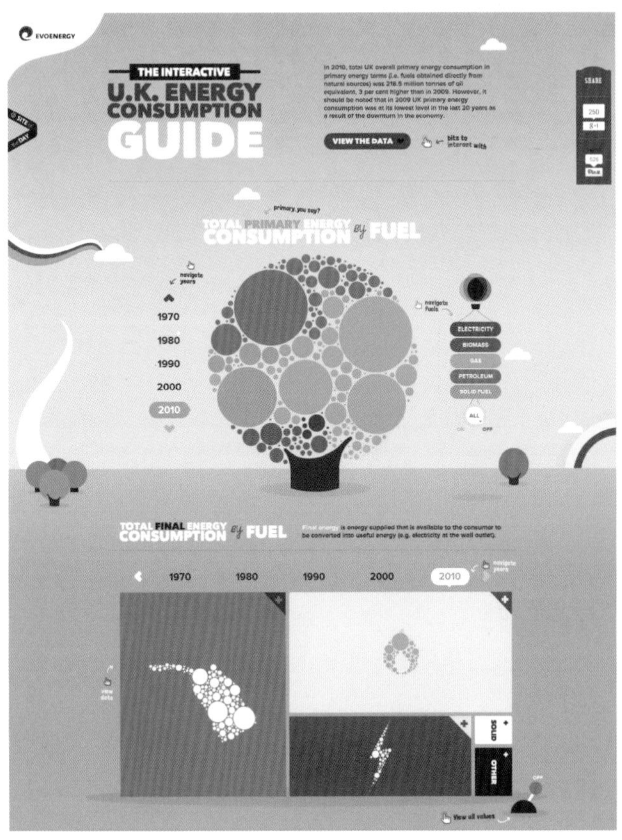

图 5-43　互补色调搭配

对网页色调的控制常见的有以下四种倾向。

1. 鲜亮色调

鲜亮色调是指将整套配色中的大面积颜色提纯，不与黑、白、灰进行混合。这种色调鲜亮、纯净，会给浏览者带来欢快、热情的气息。朝气蓬勃的色彩，给网页注入了强劲的生命力。如图 5-44，网站中运用了大面积的亮黄色，纯鲜的色调触动着人们的味觉，面对餐厅的食物定会胃口大开。如图 5-45，页面的色彩运用简洁、利落，鲜红与鲜蓝对比，让网页生机勃勃，展现出年轻的活力。

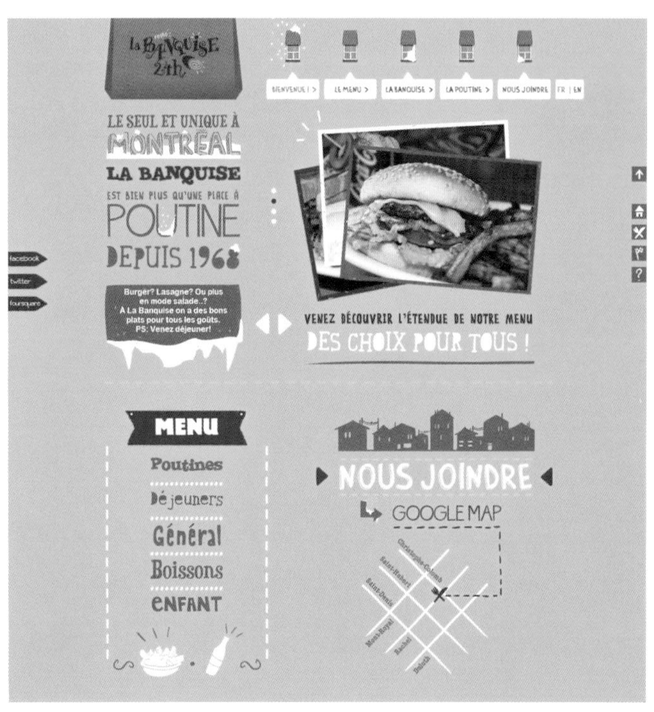

图 5-44　鲜亮色调搭配

图 5-45　鲜亮色调搭配

2. 浑浊色调

浑浊色调与鲜亮色调形成了强烈的反差，它的大面积色彩饱和度偏低，形成的色调低沉、黯淡。由于整体色彩的不鲜艳、不跳跃，反而营造出沉稳、平和的页面气氛。虽然有时会感觉过于沉闷，但也很容易将人们带入特别的意境之中。如图 5-46，网页中的橙、绿、紫色的自身色相对比性很强，但是设计师刻意将它们在常态时的色调调至灰暗，使整个网站透出别致、另类的特色。如图 5-47，雪山风景图片的黯淡处理，目的是让前景信息更清晰地展现，同时也渲染出网站神秘的气氛，等待浏览者们一探究竟。

3. 淡色调

淡色调就是将整套配色中大面积加入白色，形成淡雅、柔和的色彩气氛，这类色调常让人联想到冰清玉洁、温文尔雅的气质。淡色调的网站常会给浏览者带来清新的感觉，轻松的氛围和远离喧嚣的意境。如图 5-48，彩蝶飞舞的超现实主义风格摄影，不经意地将人们带入梦幻的世界里。如图 5-49，淡黄色的麦穗若隐若现，生怕有一丝杂色打扰了网站宁静、甜美的气氛。

图 5-46 浑浊色调搭配

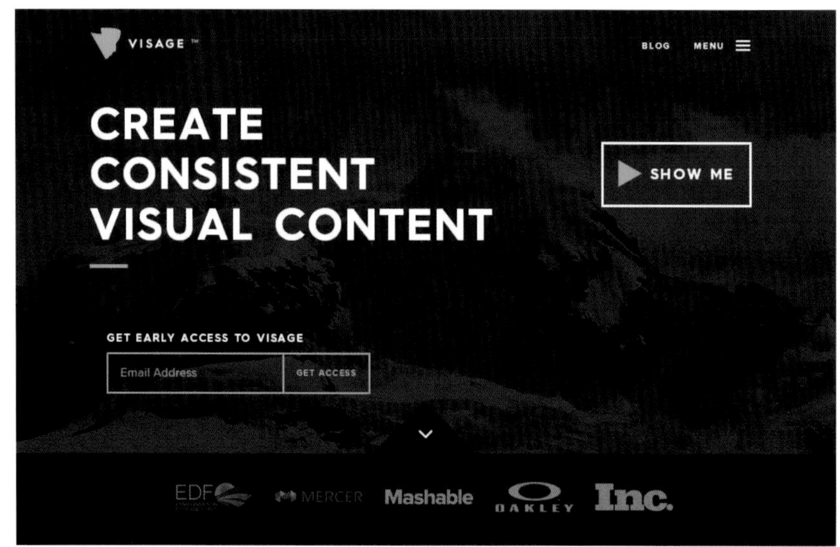

图 5-47 浑浊色调搭配

图 5-48　淡色调搭配

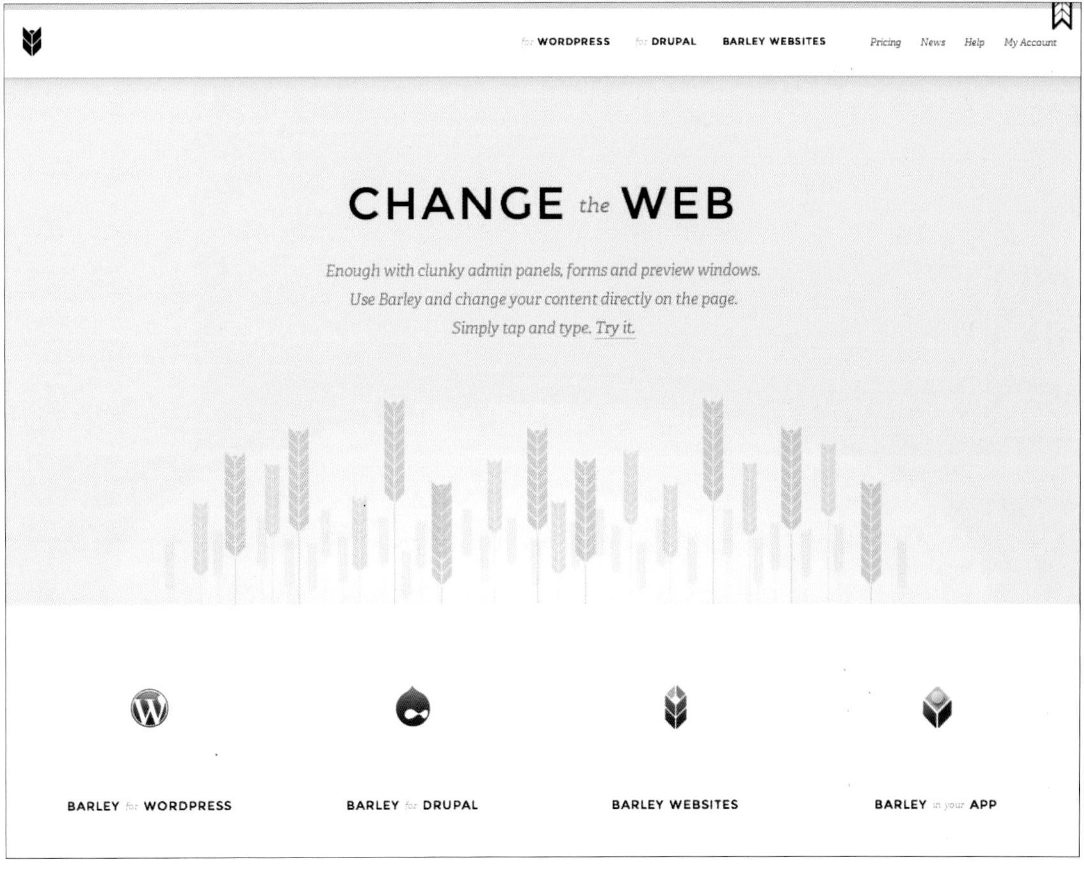

图 5-49　淡色调搭配

4. 暗色调

暗色调是指在整套配色中大面积使用低明度的色彩，使整个页面的气氛安宁、沉稳。暗色调的运用可以避免网页中的喧嚣，但又不会过于消极，它可以表现出深沉中的明快、深邃中的灵动之感。如图 5-50，这个酒店网站整体控制在暗色调的氛围中，显露出幽静、低调、奢华的品位。如图 5-51，李施德林的品牌网站在背景的暗色调中透露出俏皮的卡通形象，将内心的活跃隐藏在冷静的外表之中，给人们留下了深刻的印象。

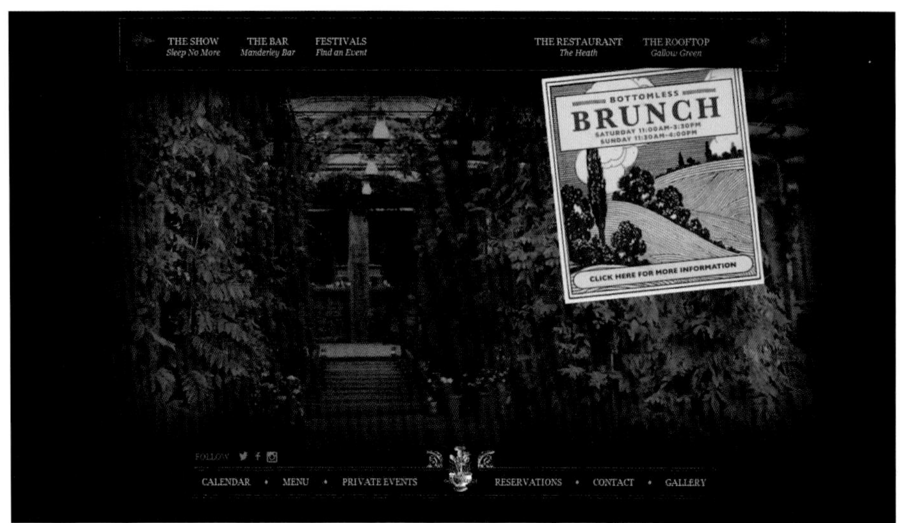

图 5-50

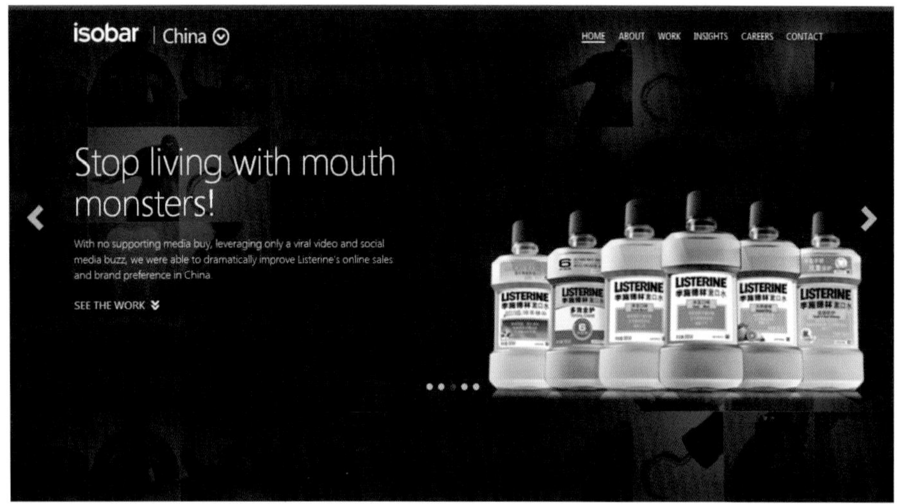

图 5-51

思考题

1. 思考色彩理论基础对网页设计的指导作用。
2. 试分析网页设计中各种色彩对浏览者的心理作用。
3. 什么是网页安全色？
4. 试分析网页中色彩的配色方案有哪些。

第六章

网站设计的风格和主题

网站的设计风格就是采用某种特定的表现方法和视觉元素，让网站形成带有鲜明视觉倾向的设计手段。网站设计师们通过自己的作品传达着他们的审美意象，传递着他们的个性品位，展现着他们的视觉鉴赏力和设计天赋。因此，网站设计形成了当前多元化的设计风格。优秀的设计师们都在不遗余力地提升着自己的设计水准，最新的流行趋势也在影响着设计师们的创作风格。设计风潮固然重要，但是设计师们还要根据网站的主题，选择恰当的视觉语言，坚守自己的创意之路。同时，了解时下最新的流行趋势也是必不可少的功课，它们会激发设计师的创作灵感，调动创意天赋，找到他们独特的创作之路。在这一章里，我们列举了多种当前使用率较高的风格和主题，这将会有助于设计师们充分利用它们的优点开拓自己的设计思维。

以照片为主

照片是很多网站都会有的重要元素，照片可以为网站创造出独特的情境，也会由此产生很多新奇的创意，一张别致的照片足以迷倒网站的浏览者们。目前，很多网站还是采用这种常见而又不失优雅的风格。

照片能够真实地记录和反映现实生活，运用照片也是真实造型的艺术表现，恰当地选择照片可以很好地营造网页的气氛，当人们进入这个网站时，照片会首先映入浏览者的视线，网站也会借此传达自己的宣传意图。有的网站将照片置于某一背景中，使其成为主体内容的一部分，为整个网页赋予了与众不同的魅力。如图 6–1~图 6–15，照片在网站的视觉感受和内容上同时发挥着作用，它可以让用文字较难描述出来的感觉，通过非常直接的方式映现出来，也能让简单的东西在网页中以富有成效的方式展现出来。一些商品的实物照片能够直接地反映出商品的面貌特征，配合特定的环境气氛，直接触动消费者的购买欲望。（图 6–16~图 6–23）

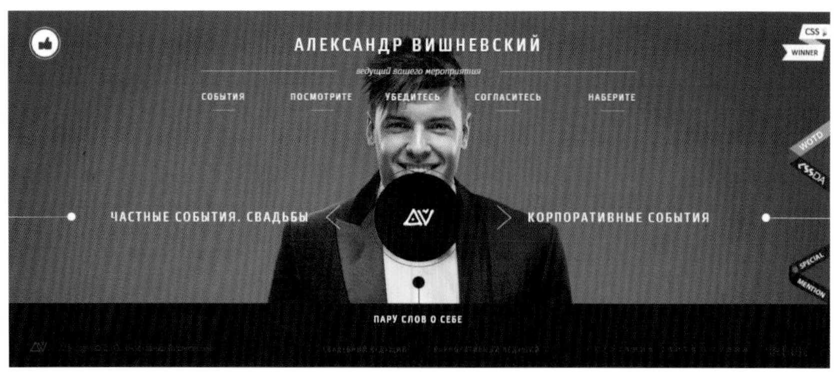

图 6–1

图 6–2

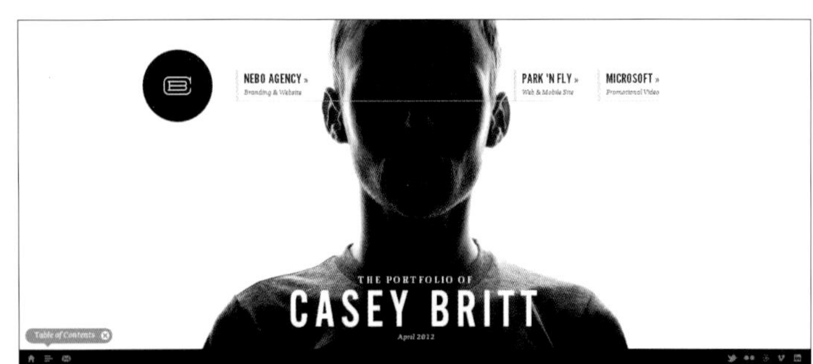

图 6–3

图 6–4

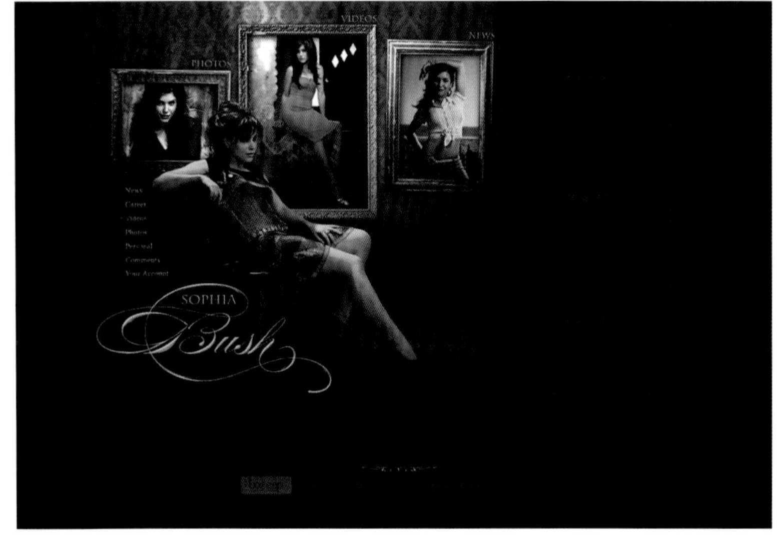

图 6–5

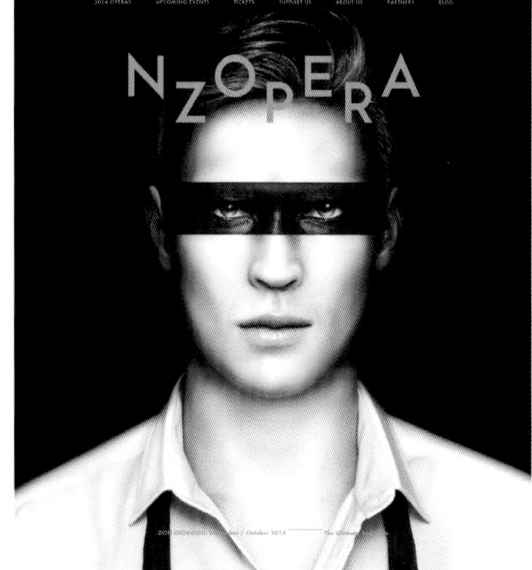

图 6–6

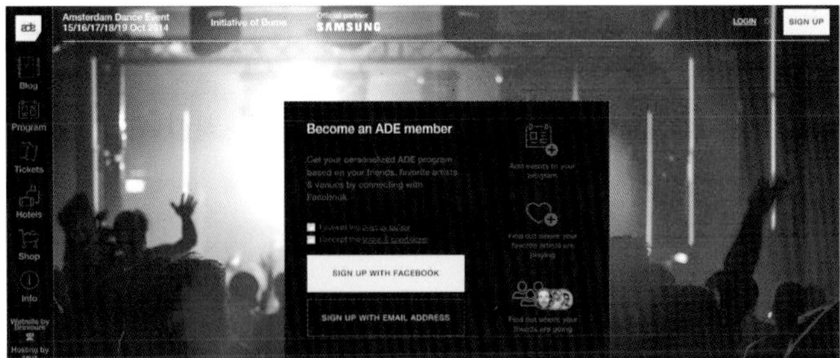

图 6-7

图 6-9

图 6-10

图 6-12

图 6-14

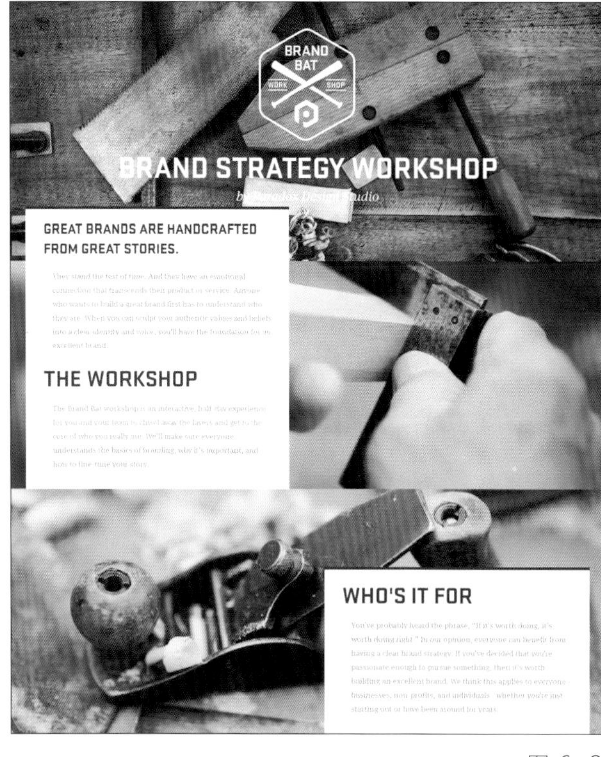

图 6-8

图 6-11

图 6-13

图 6-15

图 6-16

图 6-17

图 6-18

图 6-19

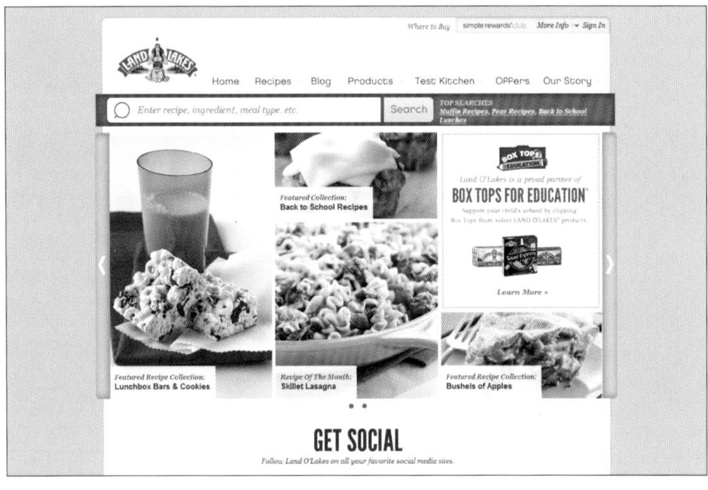

图 6-20

图 6-21

图 6-22

图 6-23

图 6-24

图 6-25

图 6-26

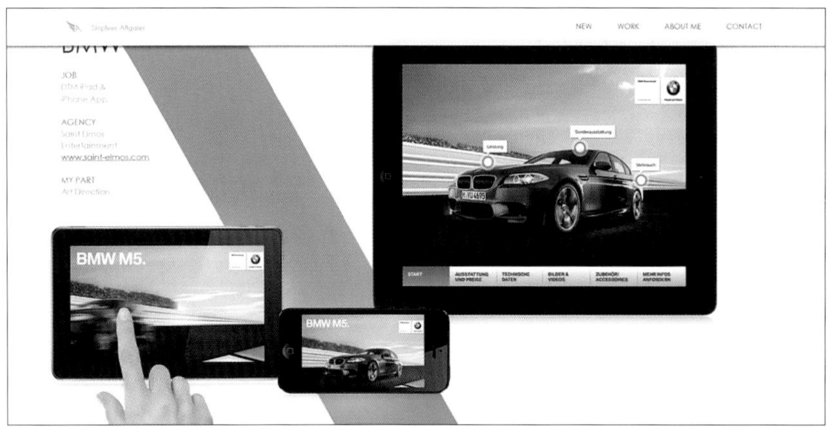

图 6-27

图 6-28

以照片为主的风格，无论是应用于网页背景还是主体内容，无论照片是激动人心还是朴实无华，都会让网站顺畅地传达需要诉诸浏览者的内容。(图 6-24~图 6-28)

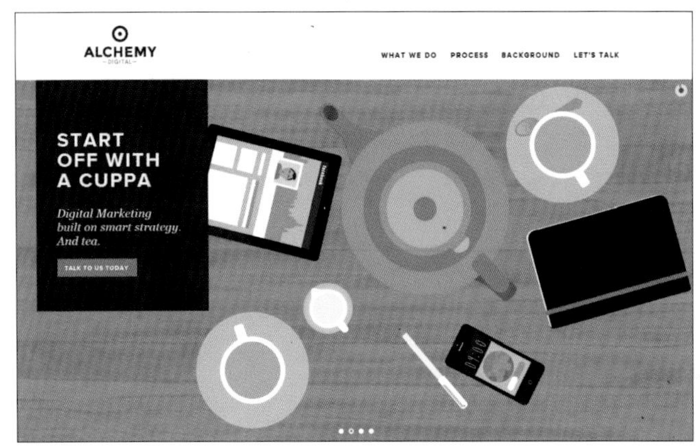

图 6–29

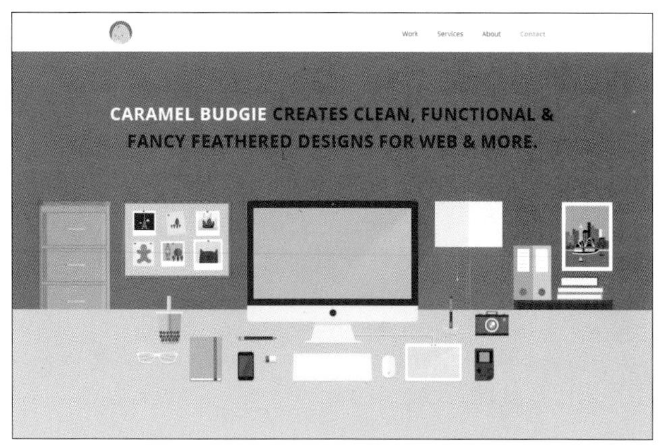

图 6–30

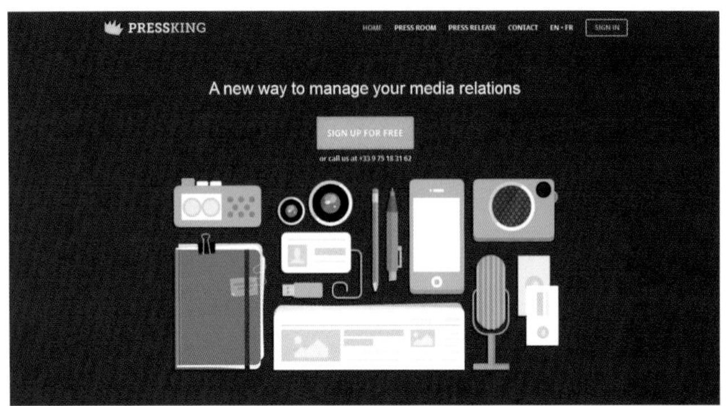

图 6–31

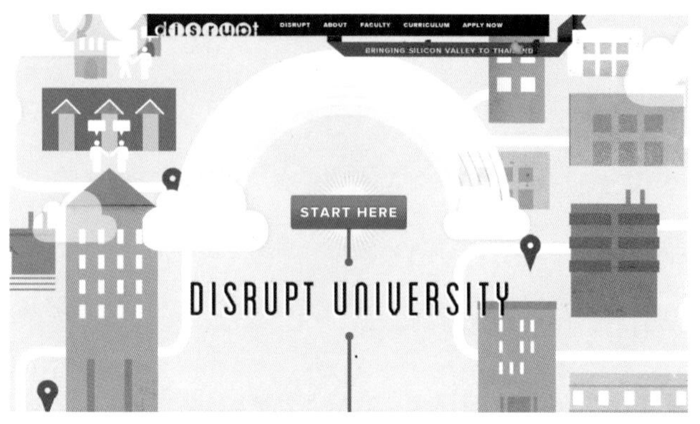

图 6–32

扁平化风格

图 6–33

扁平化设计是当下非常流行的一种设计趋势，它追求的是简单性和对用户的最大关注，摒弃了诸如阴影、高光、渐变、纹理等一切能创造立体感的装饰效果，通过抽象化的、简洁的、符号化的平面语言来表现网页，使各个元素之间的边界都干净利落，用起来非常方面。扁平化设计为印刷品设计、网站设计、移动操作系统设计带来了新鲜的变化，设计师可以排除其他干扰，将注意力都放在版式的排列和信息的呈现上。由于扁平化风格容易兼容各种浏览器和移动终端的屏幕，目前，正在被苹果、微软等各大公司所采用。

扁平化风格的网站设计并不是简单地把形象压扁，而是把页面上的进行信息简化和重组，用尽量简洁的图形、单纯的颜色和字体把有效的信息组织起来，简约而不简单。扁平化设计重要的一点就是对于色彩的运用，设计师们都在尝试不同于以往的、更加清新亮丽的颜色，并搭配良好的框架和版式布局，给浏览者带来焕然一新的面貌。（图 6–29~图 6–40）

图 6-34

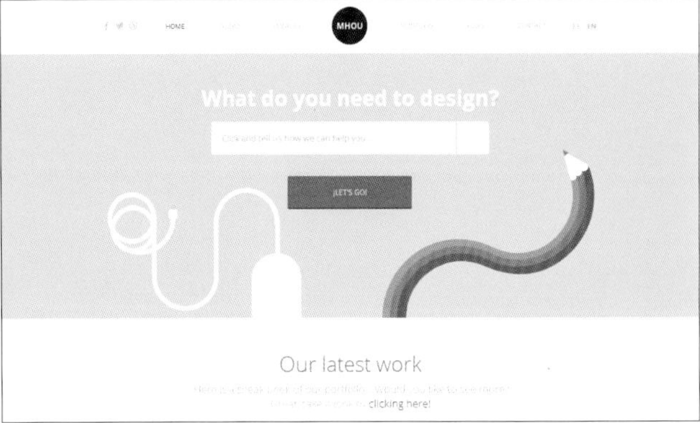

图 6-35

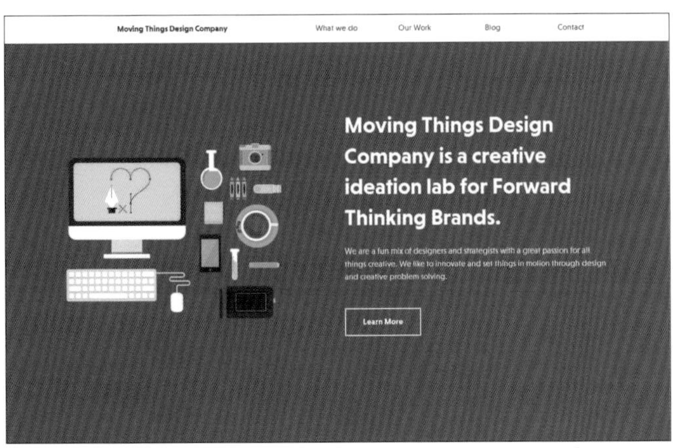

图 6-36

图 6-37

图 6-38

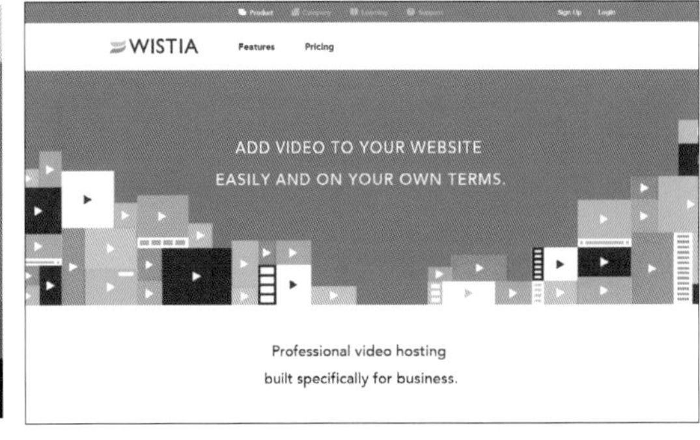

图 6-39

图 6-40

图 6-41

图 6-42

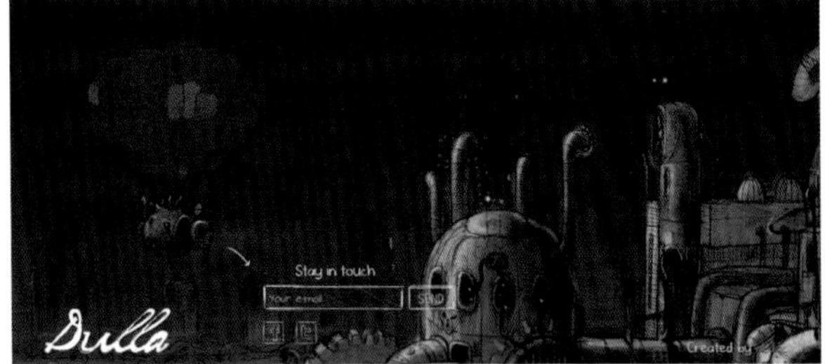

图 6-43

图 6-44

图 6-45

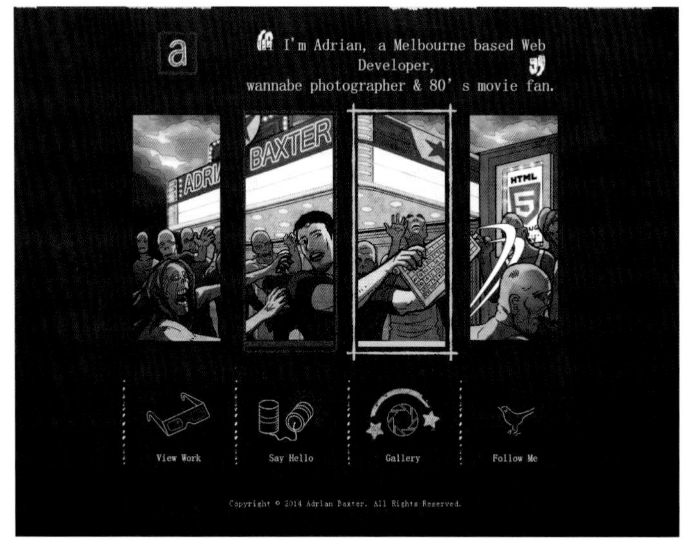

图 6-46

图 6-47

手绘风格

手绘风格又称为插画风格。插画语言已经被广泛地应用于各类设计领域，因为插画能够表现出个人的丰富想象力和创造力。但是，不同的个人风格和绘画技巧，呈现的效果也会与众不同。在网站设计中加入一些手绘的元素，会使网站更富有趣味性和人性化的色彩，可以形成独特的视觉面貌，为网站带来较高的识别度。

插画的历史可以追溯到十九世纪初，它是随着报刊和图书业的兴起而发展起来的，插画本质上是来源于绘画的艺术，所以它的许多表现技法都借鉴了绘画艺术，也受到了各种艺术思潮的影响，呈现出抽象与写实等多种风格。随着商品经济的发展，插画艺术进入了商业领域，现在的插画概念已经远远超过了传统规定的范畴，受到各种流行趋势的影响，创造出千姿百态的面貌。目前，很多网站乐于选择插画风格，原因就是它可以通过富有人情味的手绘语言，向浏览者展示其勃勃的生机和独特的品位，而且永远不会过时。（图 6-41~图 6-55）

图 6-48

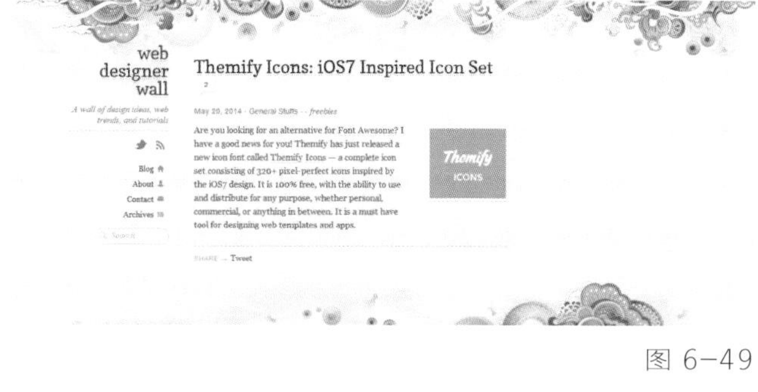

图 6-49

图 6-50

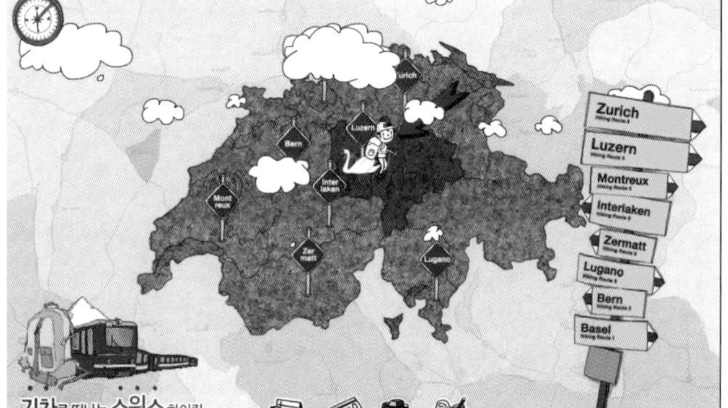

图 6-51

图 6-52

图 6-53

图 6-54

图 6-55

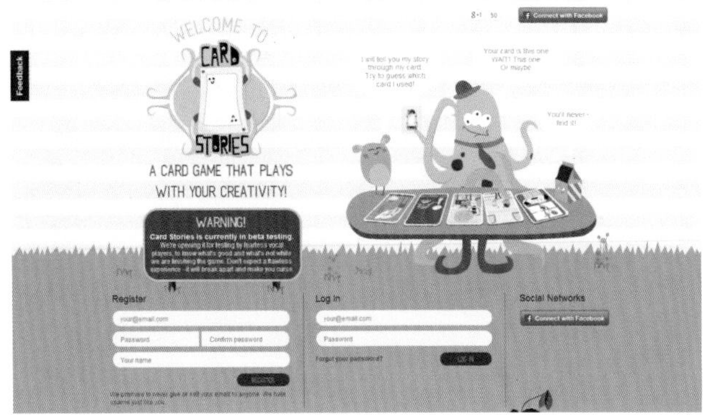

图 6-56

图 6-57

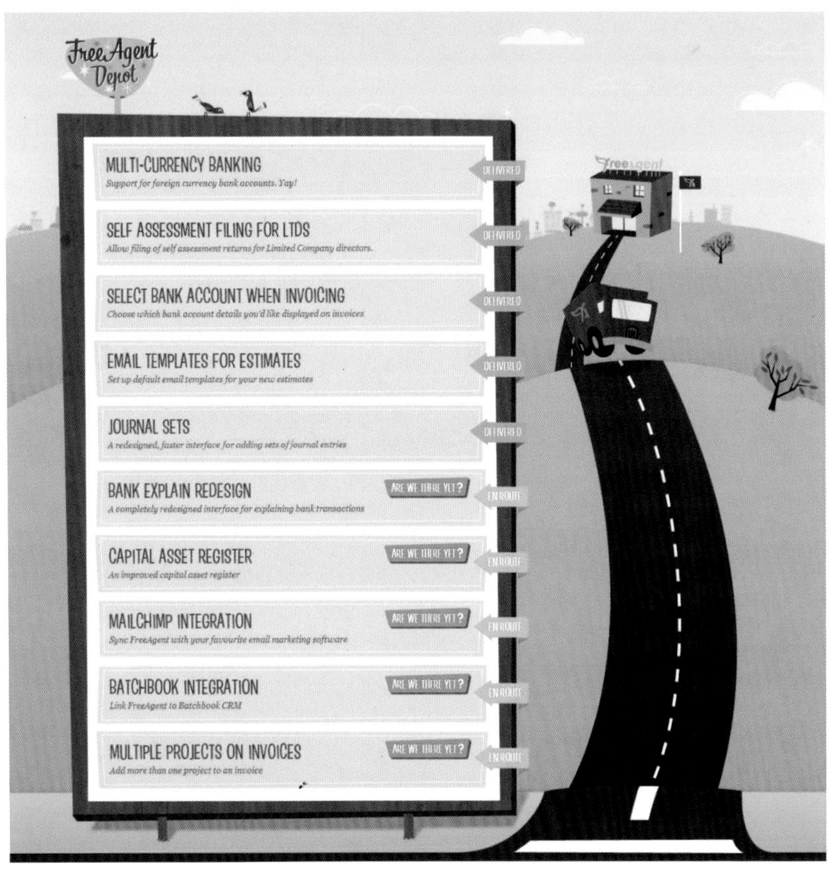

图 6-58

图 6-59

卡通风格

卡通是由英文中的 cartoon 音译而来的，它是通过夸张、变形的手法来塑造出各种趣味化的形象。它包含着多种艺术形式，例如漫画、动画，以及运用现代手段制作出来的电视卡通片、动画电影等。卡通艺术将充满幽默感的创造性表现手法和奇妙的构思结合在一起，深受孩子们的喜欢。

卡通风格用于网站的设计，它会为其注入趣味性元素，使网页的设计不再循规蹈矩，又能保证网站具备足够的吸引力，得到用户们的青睐。卡通风格并不仅限于儿童题材或是专为孩子们设计的网站，它的主题可以与儿童无关，卡通对于成年人也有着巨大的吸引力。一个想追求活力的公司如果采用了卡通风格设计网站，一定能迅速吸引浏览者的注意，现在也有越来越多的网站利用这种充满童趣的设计获取客户的倾心。(图 6-56~图 6-65)

图 6-60

图 6-61

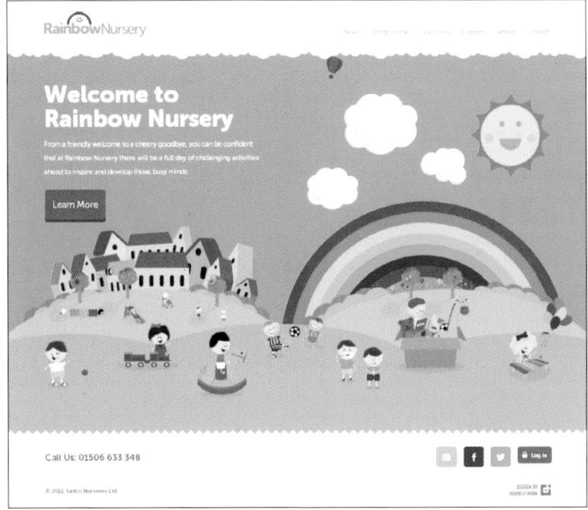

图 6-62

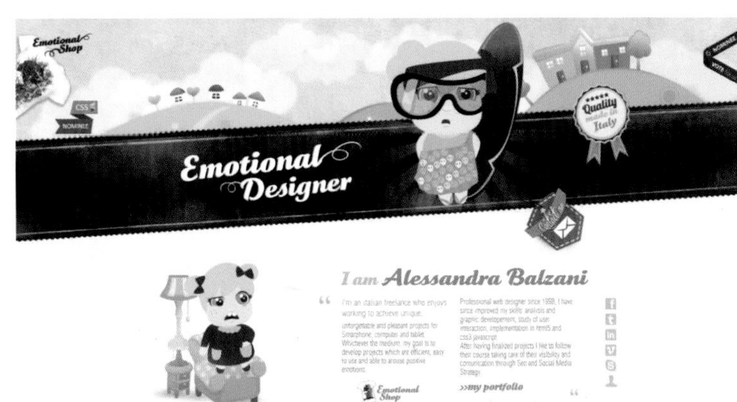

图 6-64

图 6-65

图 6-63

图 6-66

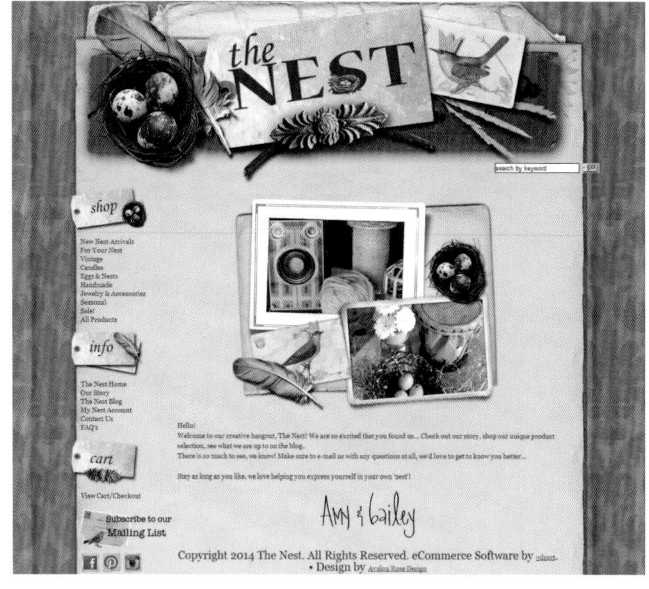

图 6-67

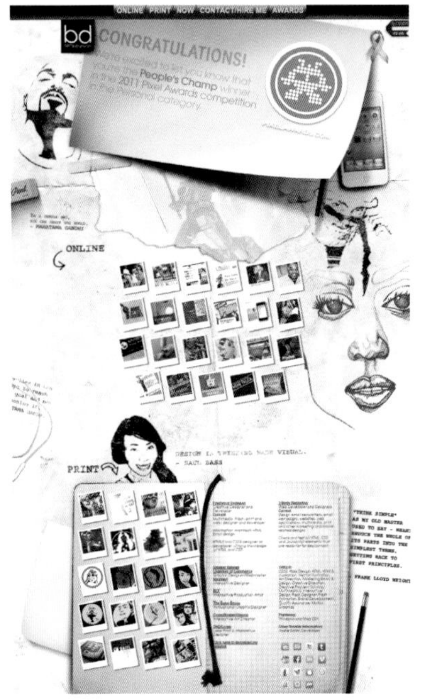

图 6-68

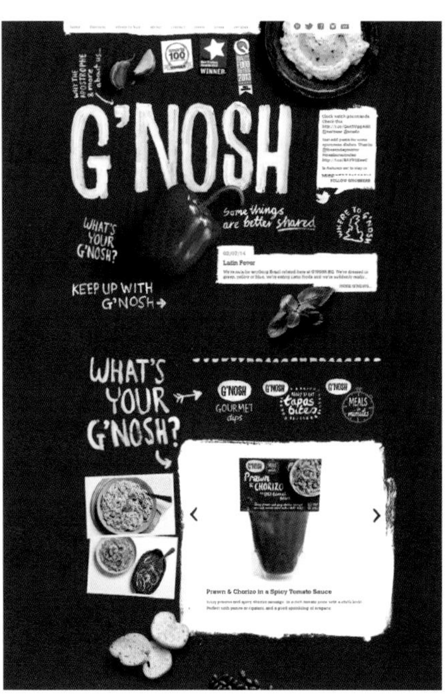

图 6-69

拼贴风格

拼贴艺术似乎带我们寻找到了多年之前的记忆，那时有很多人喜欢把杂志、报纸或者其他印刷媒介上的新闻和图片剪下来，贴于笔记本上，再辅以文字和信手的涂鸦留存起来。拼贴风格的网站设计就是在借鉴了人们的剪报习惯的基础上发展起来的。

拼贴风格的网站装饰性很强，充满了自由和随意的精神，营造出清爽的感觉和别具一格的氛

图 6-70

图 6-71

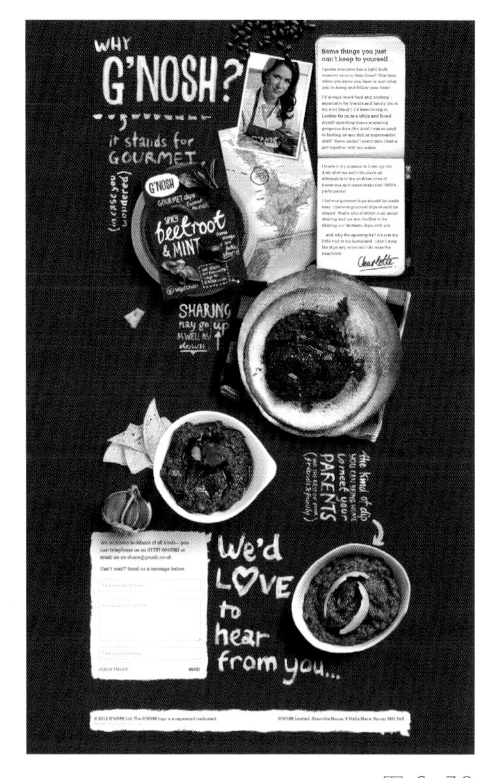

图 6-72

围，好像是来自于某个人的剪贴本,而不是一个网站。拼贴风格的设计需要用到众多的元素，它们可能是精心剪裁的图片或者是任意形态的切割，还有不规则的图形和叠加的图层，有些甚至特意保留了手撕的痕迹，也常配以大量手绘的文字、图案做装饰。我们要将这些看似零散的元素进行有机的整合，让它们看上去更有层次感和趣味性，正是这种灵活多变的特性，才使拼贴风格如此迷人。(图 6-66~图 6-75)

图 6-73

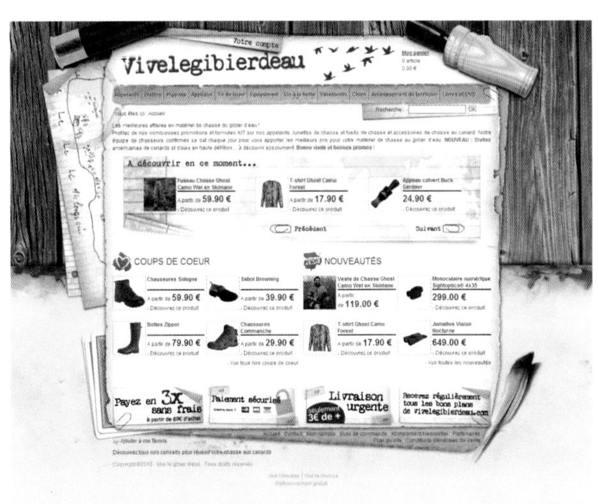

图 6-74

图 6-75

图 6-76

图 6-77

图 6-78

图 6-80

图 6-79

复古风格

复古是一种文化现象，当它被引入设计中时，却形成了一种设计理念和造型风格，特别是在科技日益发达的今天，很多人都在追求着科技感、未来感，但复古风格却从未过时，反而常常现身于眼花缭乱的时尚潮流设计中。复古是一种怀旧的感觉，是人们对那些记忆中美好的事物表示敬意的方式，每个时代都有自己独特的风格和文化符号，例如一些破碎的明信片、褶皱的报纸、杂志、地图、海报等，还有废旧的汽车、电话、电视、唱片等物件，加上复古的字体和标签，都会作为一种符号元素，频频出现在复古风格的设计中。

复古风格的网站能营造出独特的气氛，给自己添上时代的色彩，是对一个时代的总结。在众多的潮流设计中，复古风格以其古典、优雅的身影和独特的个性，吸引着浏览者的眼球，别有一番韵味。成功的复古设计也不是很容易做到的，需要十分注意细节，并不是简单地拼凑一些复古元素就可以完成的，它需要用一种轻松、灵活的方式，巧妙融入适合的历史元素，才能引起人们的共鸣。这种带有强烈文化印迹的风格，能让网站脱颖而出，并吸引着设计师们纷纷挑战和尝试。（图 6-76~图 6-87）

图 6-81

图 6-82

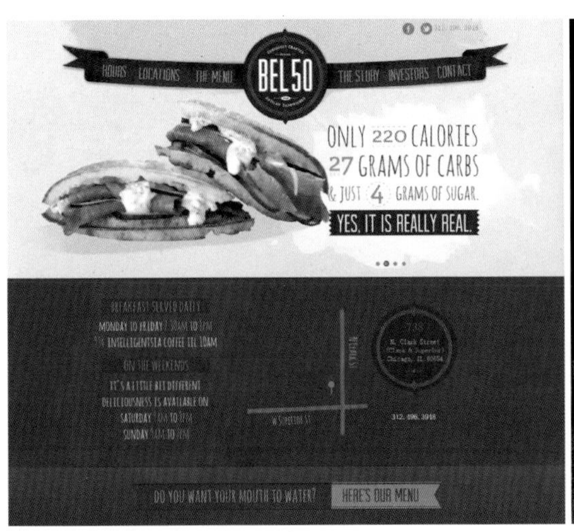

图 6-83

图 6-84

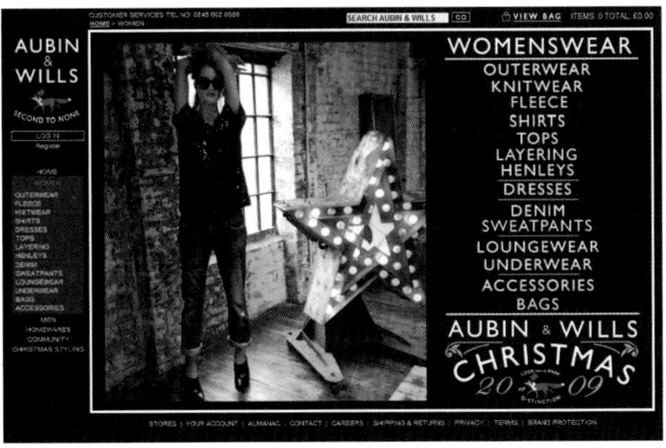

图 6-85

图 6-86

图 6-87

图 6-88

图 6-89

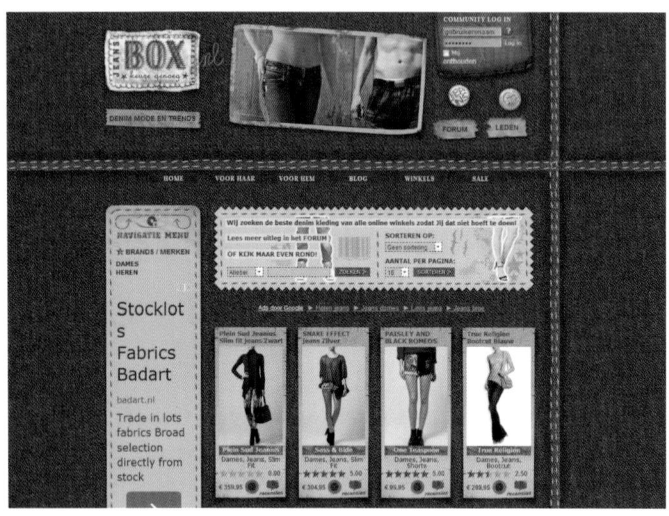

图 6-90

图 6-91

纹理与质感

在网站设计中，常常会出于装饰的目的添加一些纹理或质感，这是为了给浏览者留下新鲜而专业的印象，减小可能会由于网站的技术性带给人们的冰冷感，当网站具有了某种质感后，看起来会更舒服、更饱满和更人性化，也为网站与浏览者带来了良好的心理平衡。让一个网站拥有质感的最直接方式就是添加合适的纹理，精致的木纹、柔和的布艺、略带粗糙的纸张，以及一些精美的图案、花纹等，都会为网站增添轻松的气氛和平易近人的感觉。

为网站添加纹理和质感的手段，使网站充满生机、颇具个性，也符合当前的流行趋势，在当下的网站设计中使用得较为普遍。在运用中需要设计师挑选与网站格调相符合的图案纹理，它的质感才会使浏览者享受到更好的视觉体验，否则会显得很多余，干扰了信息的传达。在同一个网站中，不同的地方可以选择不同的纹理，也可以局部地使用纹理，这会更加有利于构建网站的独特风格，使浏览者再次访问时会瞬间唤起熟悉的记忆。在网站中运用质感和纹理的手法已经由来已久，但并没有让设计师们觉得过时而摈弃它，反而使它随着设计的发展和纹理资源的丰富，成为更加时尚、新潮、受人欢迎的大众风格。（图 6-88~图 6-96）

图 6-92

图 6-93

图 6-94

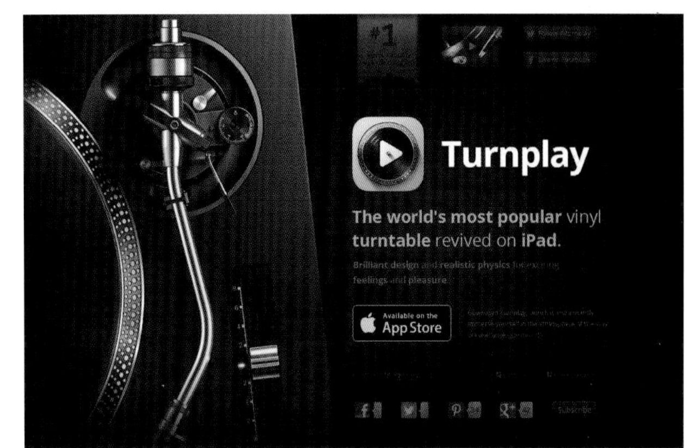

图 6-95

图 6-96

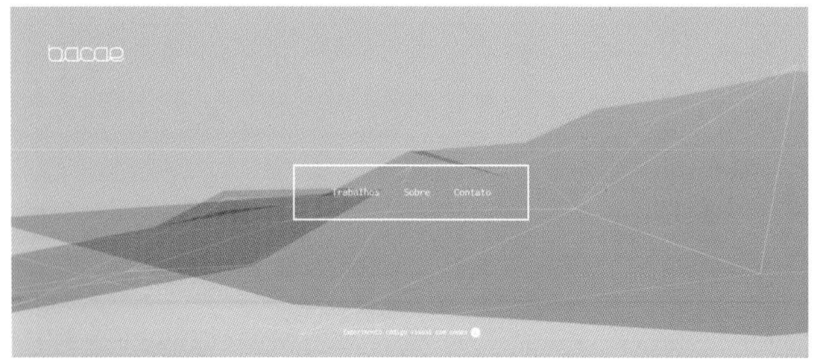

图 6–97

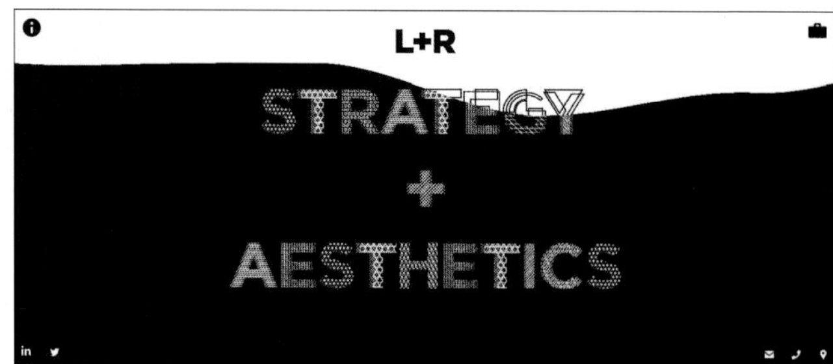

图 6–98

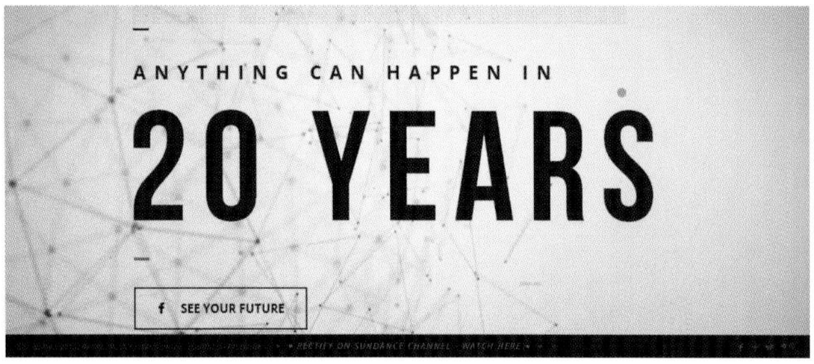

图 6–99

图 6–100

图 6–101

图 6–102

图 6–103

极简风格

极简风格的网站设计作为最近几年的流行趋势之一，逐渐引起了人们的注意，越来越多的网站喜欢采用极简的风格来设计。极简风格就是尽量使用最少的图形、色彩、线条等元素进行创意设计的手法。这种风格非常实用，也比较容易创建和维护，而且还不易过时。但是，想要做到理想的效果并不是一件容易的事，需要注意每一个细节的编排，用最简洁的页面抓住浏览者们的注意力，“少即是多”就是对极简主义最恰当的描述。

可能有很多人认为极简风格过于平淡，不够有吸引力，这实际上是一种误解。如果在一个网站中加入太多的元素，可能会使浏览者迷惑，无法准确判断各种元素的主次和信息的层级关系，极简风格正好可以避免这个情况的发生，因为极简风格摆脱了很多花哨的东西，用最简洁、干净的布局向浏览者们展现了一个积极务实、注重实效的形象，此外，还可以突出网站的主题，有助于提高用户的体验，为网站自身带来更多的收益。（图 6–97~图 6–109）

图 6-104

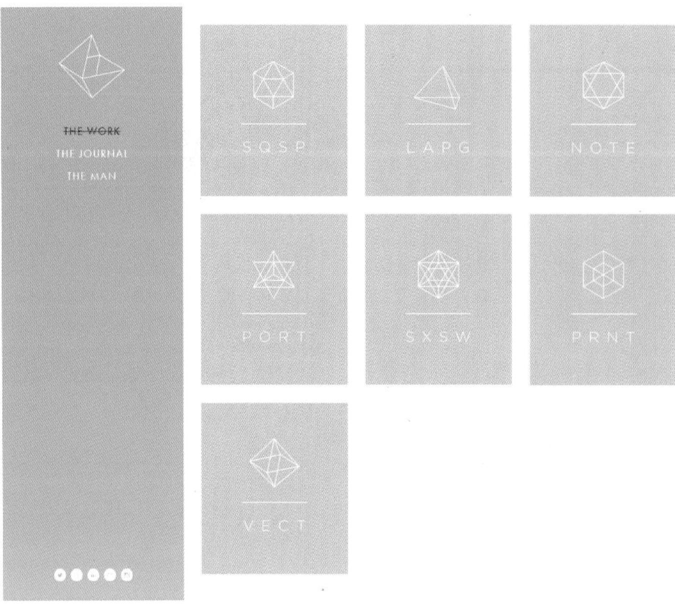

图 6-105

图 6-106

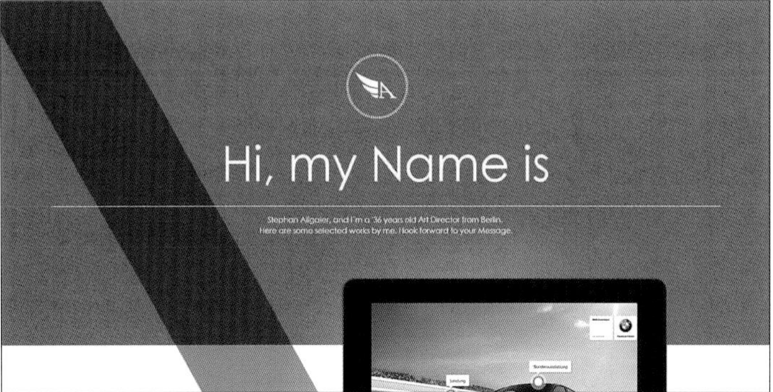

图 6-107

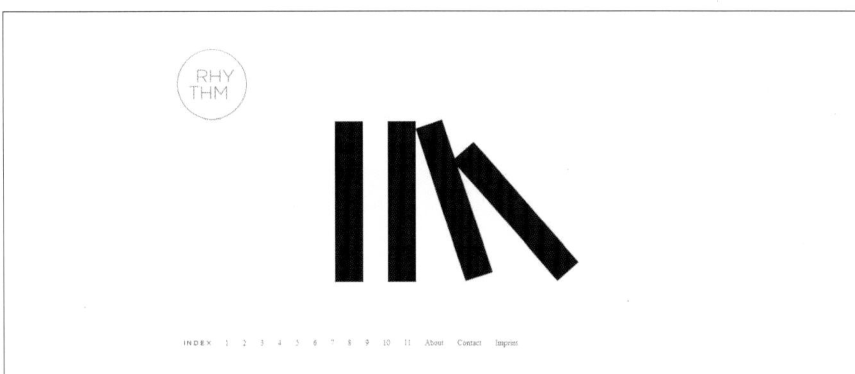

图 6-108

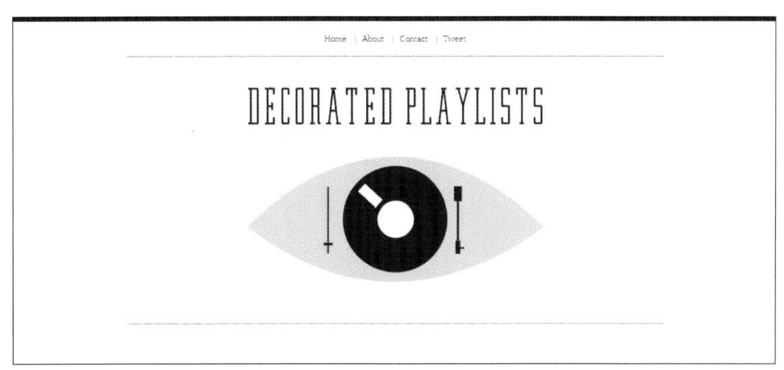

图 6-109

图 6–110

图 6–111

以文字为主

以文字为主的网站设计风格更加关注文字的布局，通常会以优雅的、精致的版式呈现文字，它虽然看起来很简单，却显得层次分明、条理清晰。这种风格的网站也综合了极简主义的设计精髓，用一种更单纯的文字元素来建构网站，给浏览者带来更加稳重、可靠、直接的印象。

很多人仅把文字当作是网站信息内容的组织形式，而没有考虑过文字也可以作为一种视觉的表现形式而独立发挥作用，文字有着可读性的优势，可以打造网站的信息层级。字体的大小和字形作为文字的两个最重要特征，也可以被设计师们深度挖掘，一般每个页面的字体都不超过三种，而选择合适的字体又是对网页设计师的必备考验。另外，还有一些创意性的字体，可以充分地展现网站的艺术感，巧妙地将网站的内容和主题结合在一起。（图 6–110~图 6–119）

图 6–113

图 6–112

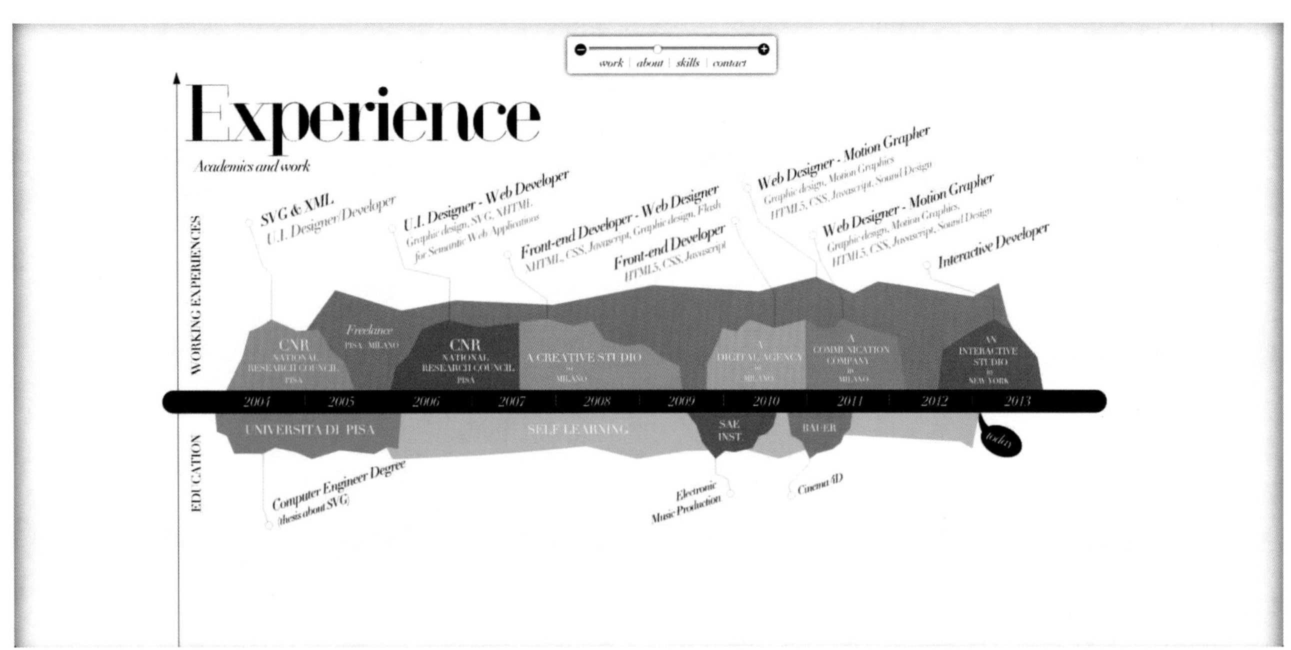

图 6-114

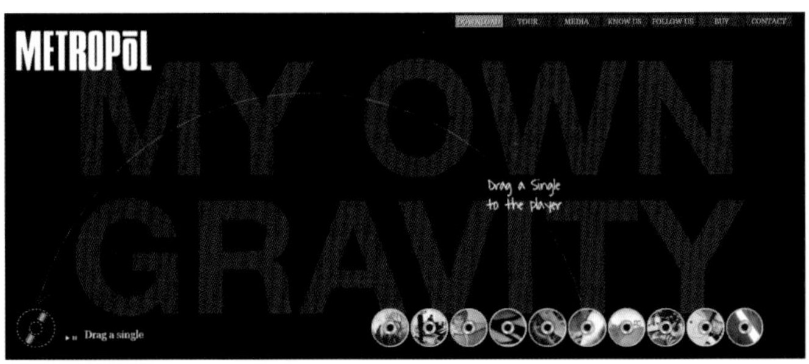

图 6-115

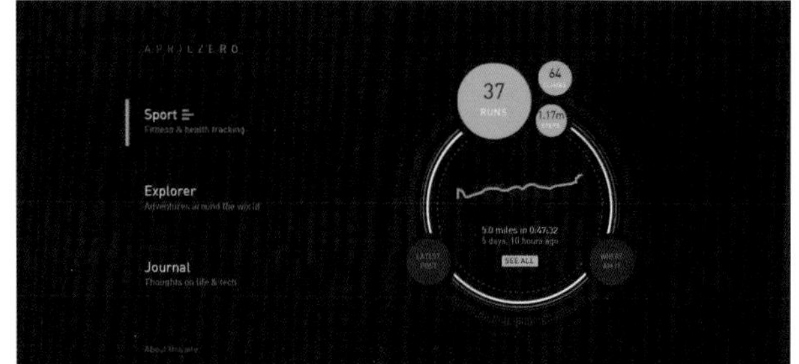

图 6-116

图 6-117

图 6-118

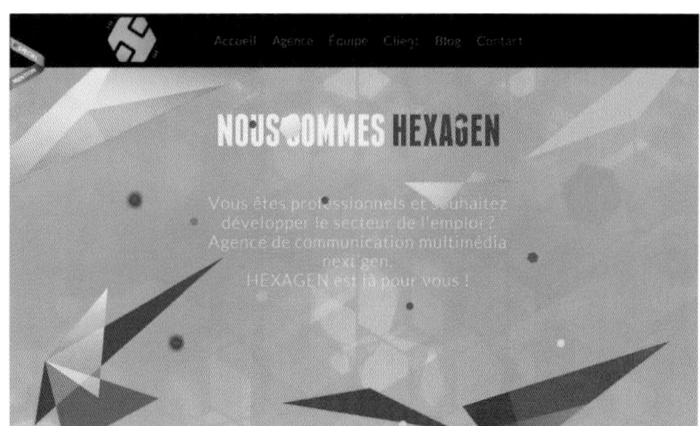

图 6-119

图 6-120

图 6-121

报刊风格

在一些报刊和杂志的网站设计上，它们延续了自身纸质媒介的排版特点，布局结构有很多相似之处，总结起来就是分栏结构较多、布局丰富紧凑、页面相对单纯、没有过多的装饰和色彩等。其实，报刊风格也并不局限于这类网站，一些信息量较大的网站都适用这种风格。

报刊风格的网站一般都延续了印刷媒体白纸黑字的特点，因为黑白的对比度最大，这样的组合对读者来说会更加清晰、易读，当然，如果在对比度允许的情况下，设计师也可以尝试其他的配色方案。通常，该风格的网站页面的配色也会很简单，亮丽的色彩也可以参与到设计中，但是如果使用过度，则会影响信息的阅读。

图 6-122

图 6-123

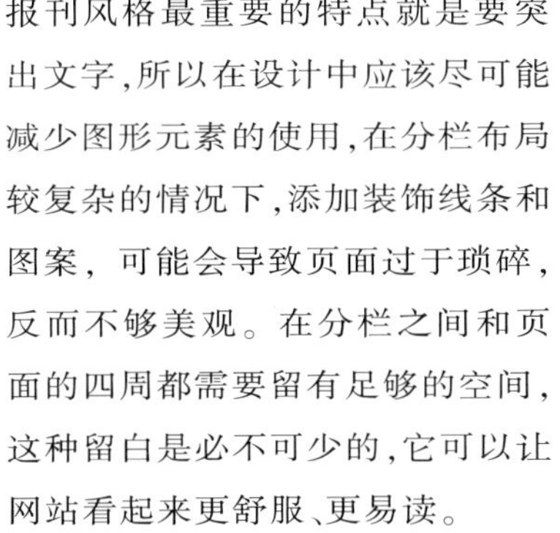

报刊风格最重要的特点就是要突出文字，所以在设计中应该尽可能减少图形元素的使用，在分栏布局较复杂的情况下，添加装饰线条和图案，可能会导致页面过于琐碎，反而不够美观。在分栏之间和页面的四周都需要留有足够的空间，这种留白是必不可少的，它可以让网站看起来更舒服、更易读。

总体来说，报刊风格是一种布局单纯干净、内容突出、结构明确的实用性风格，它的设计特点虽然与其他风格不尽相同，但凭借着高度的信息承载量和可读性，一直为专业型、综合型网站所沿用。（图6-120~图6-124）

图 6-124

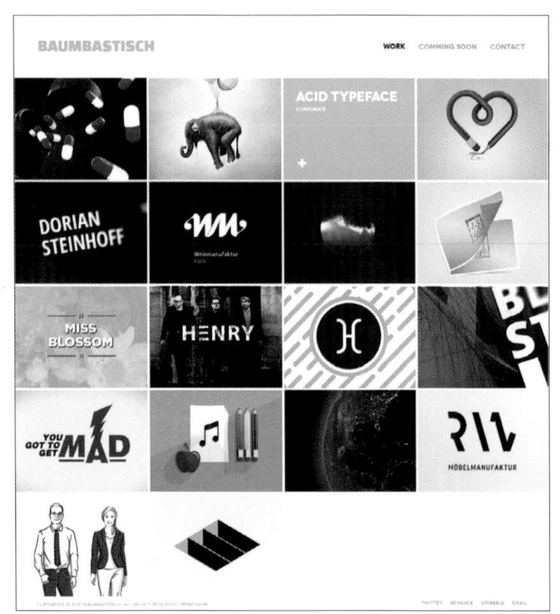

图 6-125

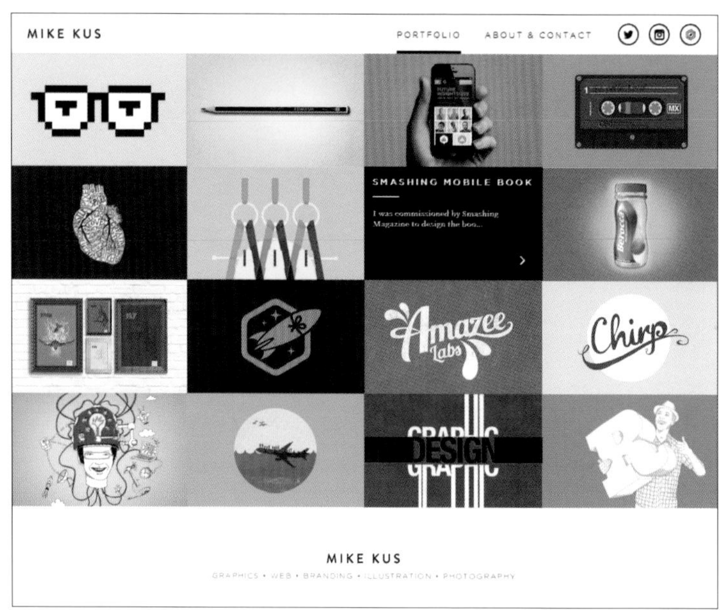

图 6-126

图 6-127

网格结构

网格结构是现代网站设计的常见手段，越来越多的网页是基于网格布局设计的，这种方法会给网站结构带来较好的整体性、稳定性和达到布局的平衡。有很多网站里的网格设计不容易让浏

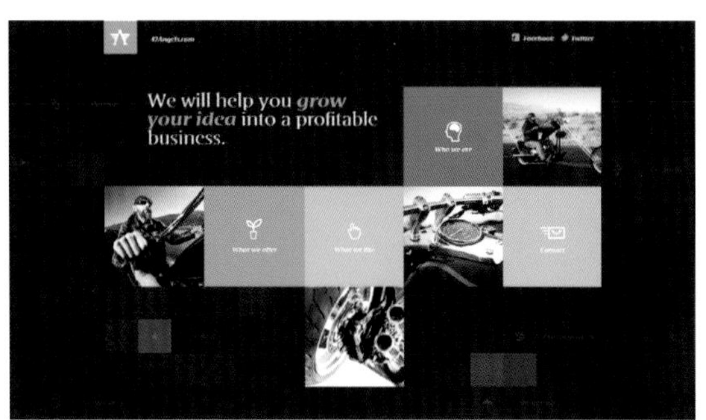

图 6-128

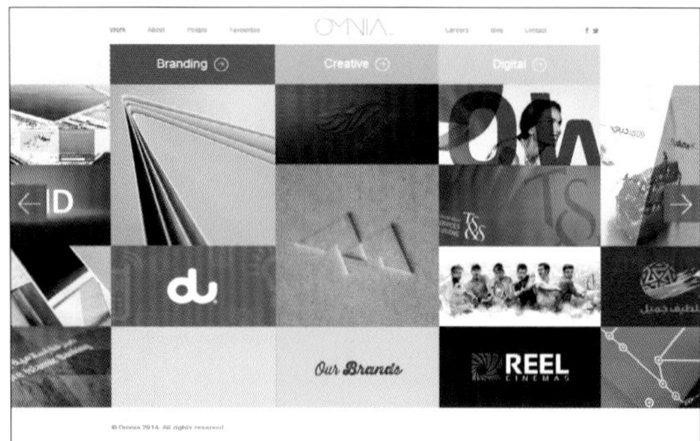

图 6-129

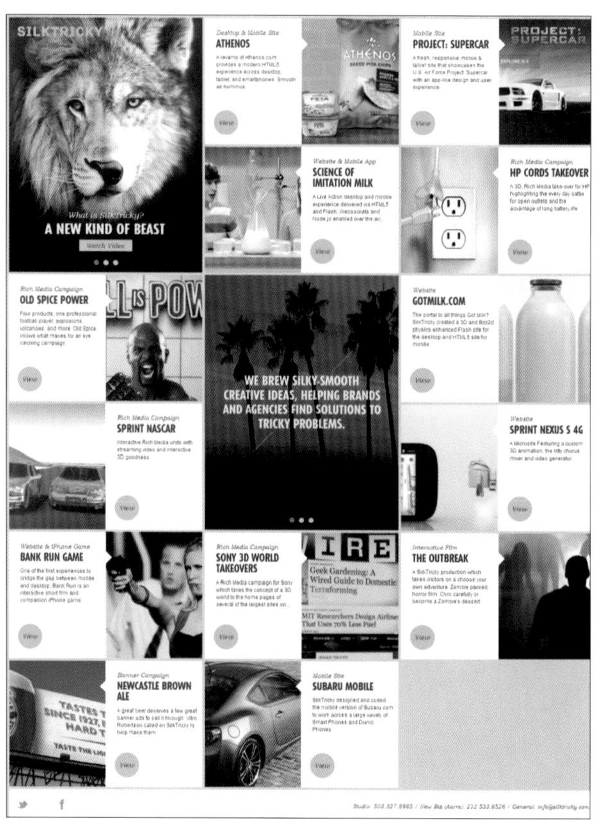

图 6-130

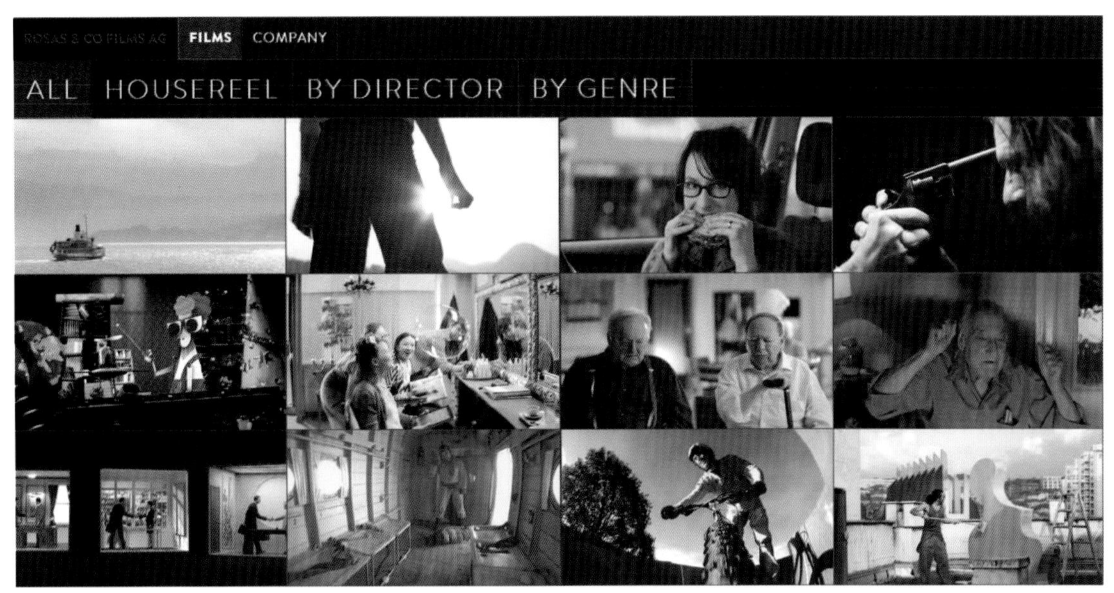

图 6-131

览者们察觉，那是因为这种设计没有过多修饰的水平线和垂直线相互交叉，仅仅起到了辅助线的作用，来约束页面的排列。但是，现在一些追求潮流的设计师们为了吸引用户的目光，特意采用一些较明显的几何框架来修饰网格，通过这种巧妙的创意，可以让人们看到清晰的网格结构，带来整齐的结构化美感。

网格结构中紧密的网格线布局，可以将主页划分成若干块相等的区域来展示不同的内容，也可以分割成大小不同的块面，表示出不同的强调程度。这种结构非常有利于大量信息的展示，通常光标悬停在不同的区块时，会得到相应的反应，比如提示性的标题或者简介等，当点击之后，会显示更为详尽的信息。此外，这种结构还可以整合网站不同的部分，让信息分类展示，为浏览者创造一个良好的视觉通道，更加清晰直观地引导用户的浏览。（图 6-125~图 6-133）

图 6-132

图 6-133

通常我们浏览网页的电脑、手机等设备的屏幕都是平面的，如果一些网站设计时具备一定的空间感，就可以让浏览者获得更宽阔的视野，带来与众不同的视觉感受。在网页设计中加入一些立体元素，会使网站的效果非同凡响。

立体风格的设计会让我们想到3D的造型设计、空间设计等，需要用到建模和渲染的技术才可以完成，其实，网站的立体风格并非如此，设计师们可以通过一些简单的技巧和设计手段，营造一种虚拟的立体效果。比如将平面元素按照透视关系重叠放置，如果元素本身是真实的图片剪切，就会形成一个相对的空间感。还有一种简单的技术就是使用投影，对靠近物体的部分添加投影，就会让物体具有立体感，如果投影处理得完美，就像是从物体上延伸下来的，则会带来更强烈的空间感。

当下流行的一种被称为“低多边形设计”的风格，也是一种虚拟的立体风格。它最初起源于3D建模技术，这是由于3D建模需要借助多边形，为了追求逼真的效果，会使用大量的多边形来塑造模型的细节。低多边形设计延续了这种方式，但是却刻意减少多边形的数量，使形象具有一种晶体化的、棱角分明的特点，这种看似简约、抽象的设计不但渲染出立体的空间感，也营造了另类的视觉效果，被很多网站竞相模仿。（图6-134~图6-142）

图6-134

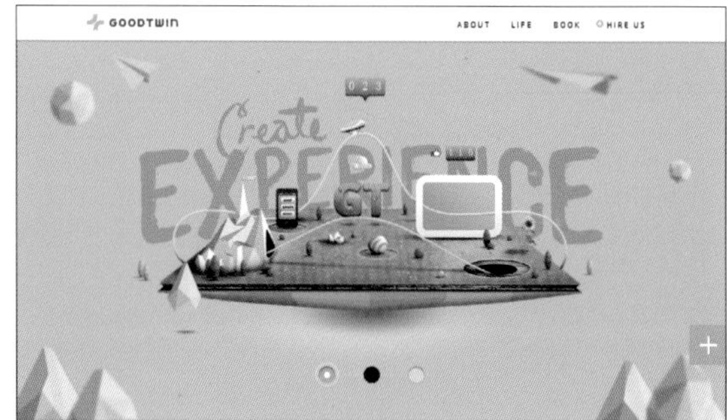

图6-135

图6-136

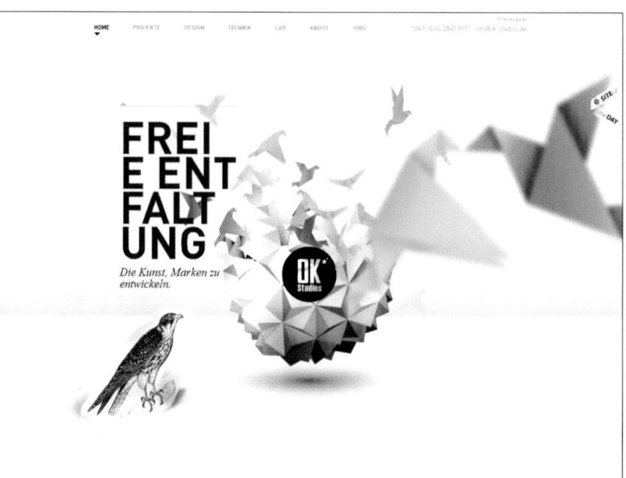

图6-137

图6-138

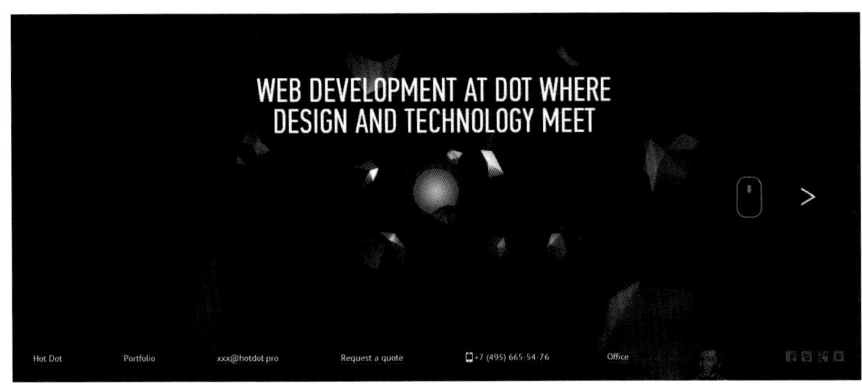

图 6-139

图 6-140

图 6-141

图 6-142

图 6-143

图 6-144

图 6-145

图 6-146

图 6-147

图 6-148

图 6-149

图 6-150

图 6-151

图 6-152

超现实主义风格

超现实主义是第一次世界大战后兴起于法国的文学艺术流派，后来盛行于欧洲的文学、绘画、音乐等艺术领域。它是受到弗洛伊德的精神分析理论影响，致力于发现人类的潜意识心理，主张放弃逻辑和有序的经验记忆，离开现实，返回原始，强调人们的下意识或无意识活动，以“超现实”的梦境、幻觉作为艺术创作的源泉。它作为一种文艺思潮、美学观点，对视觉艺术的影响力十分深远。

在网站设计领域，超现实主义还不能称为一种独立的风格，但是却有很多网站是运用超现实主义的审美意象来进行创意的。他们往往使用自然的素材，突破现实逻辑的意象，达到出人意料的惊艳效果。对超现实主义风格的网站没有什么明确的界定，它的表现方式都是天马行空、难以捉摸的，只要是运用我们所熟知的现实元素，突破了传统思维的禁锢，表现出超现实意象的网站，我们暂且都可以把它们归为此类。（图 6–143~图 6–156）

图 6-153

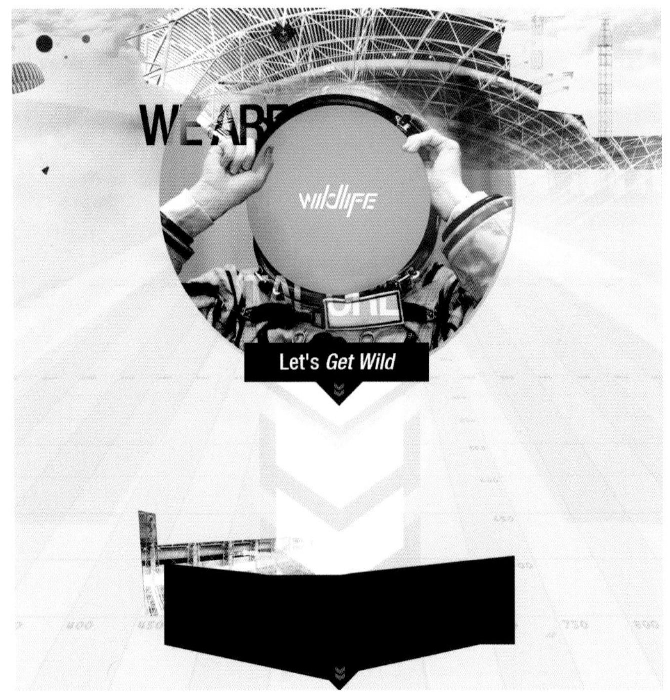

图 6-156

图 6-154

图 6-155

思考题

1. 思考网站设计与各种风格和主题之间的关系。
2. 回顾网站设计中的几种常见的风格和主题。
3. 选择三种当下流行的网站设计风格和主题,试分析其设计特点。

第七章

网站的设计趋势和网页欣赏

网站的设计趋势

网络技术的革新带动了整个设计行业的迅猛发展，网站设计的面貌也不断为之改变，新的流行趋势紧跟时代的特点，也在持续地更新换代。当下流行的一些设计趋势已经彻底改变了传统的网页设计概念，它为设计师和开发者们提供了更广阔的施展空间。同时，也促使设计师们跟上潮流的脚步和市场的节奏，不至于在高速发展的行业中落伍。

一些年轻的设计师常常迷失在五花八门的设计样式中，不知该如何选择，其实，新技术、科技趋势与实用性的配合，才是促成一种流行趋势的重要因素。设计师们要想保证自己时刻走在设计的最前沿，善于观察和学习是必不可少的。同时，可以从其他的创意领域汲取灵感；也可以将之前流行趋势中的可用性保留下来，与新的趋势相融合，可能会使设计作品重获新生；还可以把很多具有吸引力的作品的共性提炼出来，这也是顺应流行趋势的做法之一。

本节将分享一些当前比较流行的设计趋势，当然，时下流行的风格，可能也会被日后的新趋势所取代，整体的美感和良好的用户体验才是网站保持长久影响力的法宝。所以，我们在紧跟当前设计趋势的同时，也不能片面追求潮流而忽视网站的设计本质。

响应式网页设计

响应式网页设计又称自适应式网页设计。现在越来越多的用户常常在台式机、笔记本电脑、平板电脑、手机等不同的平台上浏览网页，各种显示屏的尺寸大小不一，可能还会随时变换屏幕的水平和垂直显示方式，如何能让网页适应不同的浏览环境，达到最好的视觉效果，响应式网页设计就解决了这个问题。响应式是一种特别的开发方式，具备良好的适应性和可塑

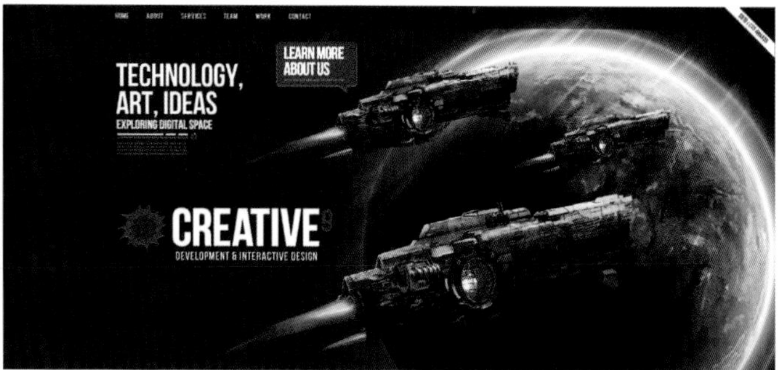

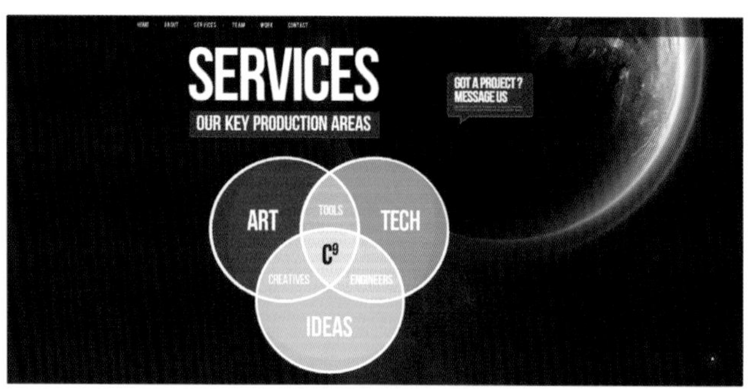

性，它可以以内容为中心，重组网页上的要素，保证网页适应不同的分辨率需要，这种技术十分顺应时代的潮流，因此，响应式网页设计被预测为未来发展的主要趋势。

视差滚动设计

视差滚动设计是一种先进的滚动方案，它让网站的多层背景以不同的速度滚动，形成一种类似3D的立体运动效果，随着鼠标滚轮的流畅体验，浏览者观看时会感受到一种控制感，即是有响应的交互体验，这会给浏览者带来一种独特的视觉感受，促进了用户与网站的互动，可以说是近年来网页设计技术的一大突破，很多商家竞相采用这种视差滚动设计网页，它充满梦幻感的动态效果深得用户喜爱，也备受推崇。

超长网页设计

超长网页设计是一种可以纵向滚动的网页设计方式，它通过不停地加载新的内容，大大减少了网站分页的数量，可以给浏览者带来一种无限滚动的操作体验。这种无限滚动方式非常适合展现按时间排列的或者实时推送的较零散信息，它能使网站内容组织更加有序，布局也更便于阅读。从反馈的调查结果来看，多数用户更喜欢用滚动的方式来浏览网页，而不是点击。良好的用户体验，让超长网页设计获得了业界的一致好评。但值得注意的是，这种无限滚动的方式，也并不是万全之策，用户们不间断地浏览有时会迷失方向，这需要网站同时配合浮动的滚动条和按钮来实时导航。

全屏网页设计

相对于一些讲究字体、排版、配色等技巧的网站来说，全屏网站设计是通过全屏幕的高清晰图片来展现网站的风貌，这种设计简单明了地突出了主题，为浏览者提供了更直观的感官体验。全屏网站的适用领域非常广，例如在时尚、服装、旅游、美食等行业的网站中都会有较好的表现。精心挑选的真实化、高质量的图片，能有效地提升用户的信任感，越来越多的客户喜欢采用这种极具视觉魅力的全屏网页设计风格。

单页面网站设计

单页面网站简单地说就是只有一个页面的网站。它的所有内容都在主界面上，与其说它是一个网

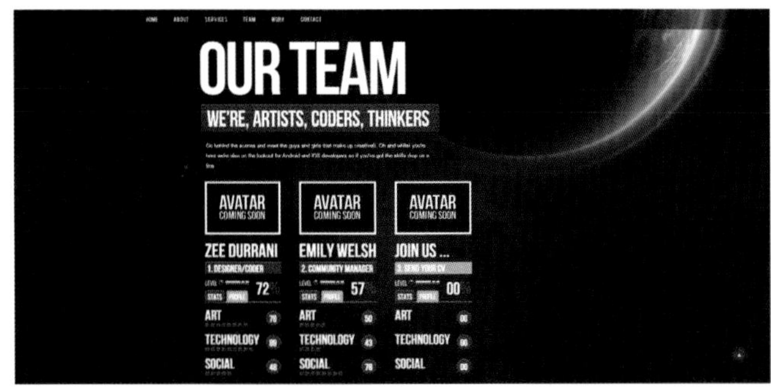

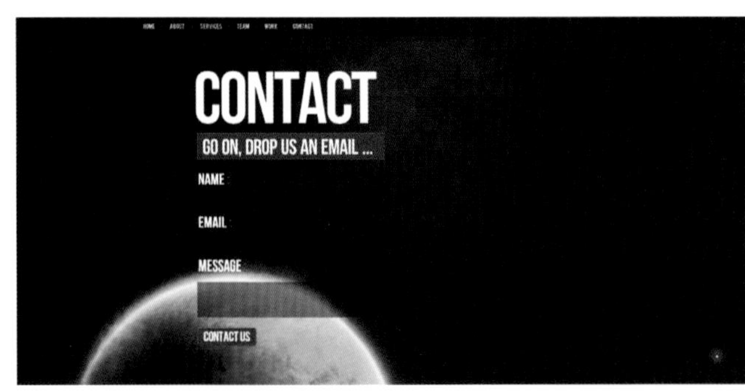

图 7-1

站，其实更像是某一个专题或者一个产品的宣传页。也有一些人对单页面网站持有否定态度，认为它太过单一、不够丰富。但是单页面网站也有很多自身优势，比如，它能快速地让访问者直观、明了地查看到网站所要表达的内容等，还有它的风格简洁、制作简单、成本较低、内容也较容易更新。尽管它不能成为网站的主流设计风格，但是单页面网站却是很多设计师高度关注的一种风格，并且已经逐渐成为一种流行趋势。

固定导航设计

导航栏是一个网站重要的组成部分，它可以让浏览者找到他们想要获取的信息内容，而固定导航设计就是让导航常驻在网站界面的某个特定位置，更便于浏览者们使用。对于某些复杂的网站或者有超长滚动页面的网站来说，固定导航设计是最佳的选择。比如将导航栏固定在网页的顶部，页面内容按照导航顺序垂直或水平排布，当用户点击相应的导航选项时，页面会自动滑到相应位置，如果是点击内容，则导航也会随之改变。这种设计的优点是页面基本不会跳转，每一个选项所指向的内容也基本在一个页面内显示。固定导航设计对于导航的位置没有过多的限制，无论是在网站顶部还是底部，是侧边栏还是页面中间，只要是符合布局的要求，都会给浏览者带来良好的用户体验。

灵活的字体设计

在前些年的网站设计中，设计师们通常是依赖漂亮的图像来提升网站的品位，但是现在大家已经越来越意识到网站内容的重要性，良好的文字排版可以更加有效地传递信息，注重个性化、打破常规的排版也屡见不鲜，在这种情况下，字体就被认为是一个重要的设计元素。以前，设计师所能使用的字体受到各种因素的限制，现在，多数网页浏览器渲染字体的技术越来越成熟，通过使用CSS3，设计师可以拥有许多自定义的字体，这些都极大地增强了网站设计的吸引力。当前，越来越多的网站对字体投入了足够的重视，甚至以纯文字构成的网站也层出不穷，灵活的字体设计也为网站设计带来了新的趋势。

网页欣赏

在本节中，我们主要是展现一些近年来在各种设计趋势的影响下设计完成的网页作品，这些优秀的网页都具备了完美的设计形式和独特的视觉效果，希望读者能从中获取灵感、开拓思路。（图 7–1~图 7–22）

complete
WEB SOLUTIONS
COMPLETE BALTICS
TAKE A CRUISE WITH US
VIEW MORE
WOTD
CSSDA
HOME
ABOUT US
SERVICES
PROJECTS
BLOG
CONTACTS

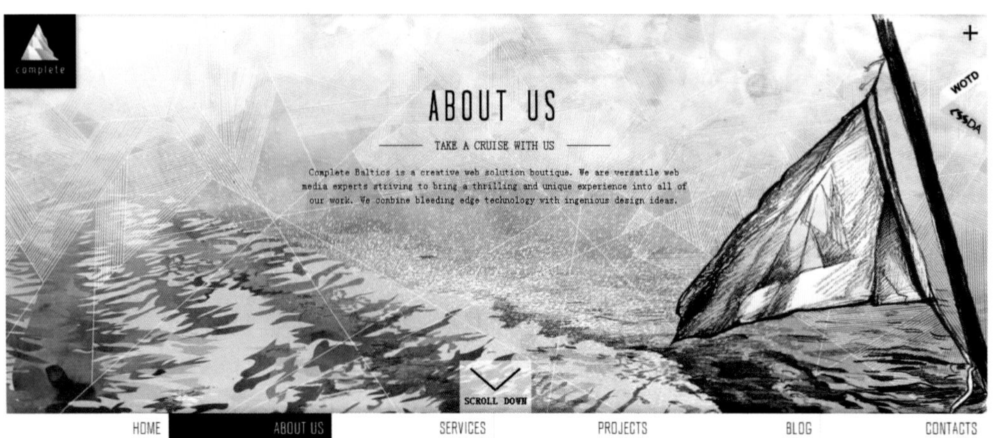
complete
ABOUT US
TAKE A CRUISE WITH US
Complete Baltics is a creative web solution boutique. We are versatile web media experts striving to bring a thrilling and unique experience into all of our work. We combine bleeding edge technology with ingenious design ideas.
WOTD
CSSDA
SCROLL DOWN
HOME
ABOUT US
SERVICES
PROJECTS
BLOG
CONTACTS

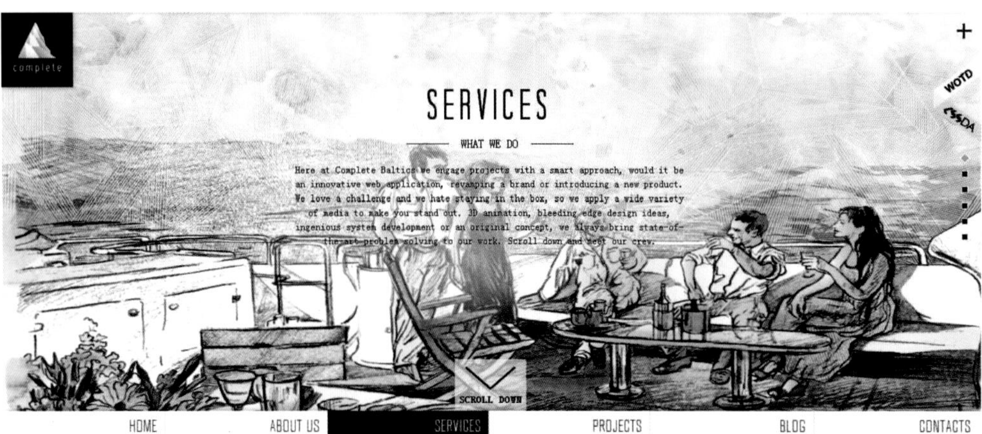
complete
SERVICES
WHAT WE DO
Here at Complete Baltics we engage projects with a smart approach, would it be an innovative web application, revamping a brand or introducing a new product. We love a challenge and we hate staying in the box, so we apply a wide variety of media to make you stand out. 3D animation, bleeding edge design ideas, ingenious system development or an original concept, we always bring state-of-the-art problem solving to our work. Scroll down and meet our crew.
WOTD
CSSDA
SCROLL DOWN
HOME
ABOUT US
SERVICES
PROJECTS
BLOG
CONTACTS

complete
CONTACTS
TAKE A CRUISE WITH US
Relaxed. This is how clients feel working with us. We cherish your time, therefore ensure convenient and easy interaction.
WOTD
CSSDA
SCROLL DOWN
HOME
ABOUT US
SERVICES
PROJECTS
BLOG
CONTACTS

图 7-2

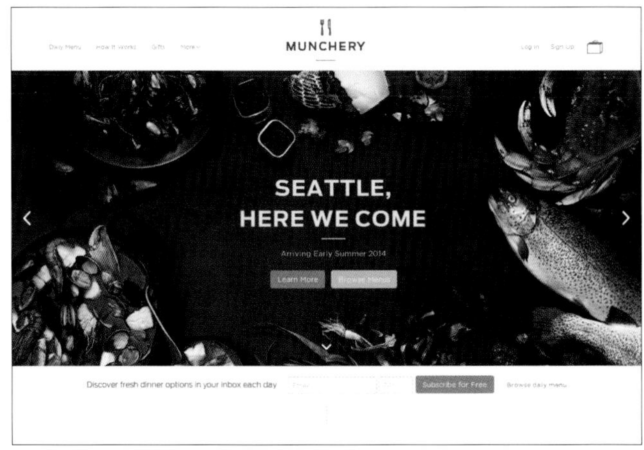
MUNCHERY
SEATTLE,
HERE WE COME
Arriving Early Summer 2014
Learn More
Browse Menus
Discover fresh dinner options in your inbox each day
Subscribe for Free

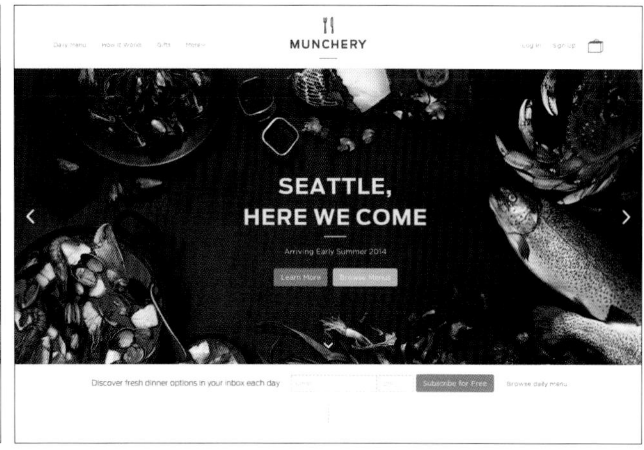
MUNCHERY
SEATTLE,
HERE WE COME
Arriving Early Summer 2014
Learn More
Discover fresh dinner options in your inbox each day
Subscribe for Free

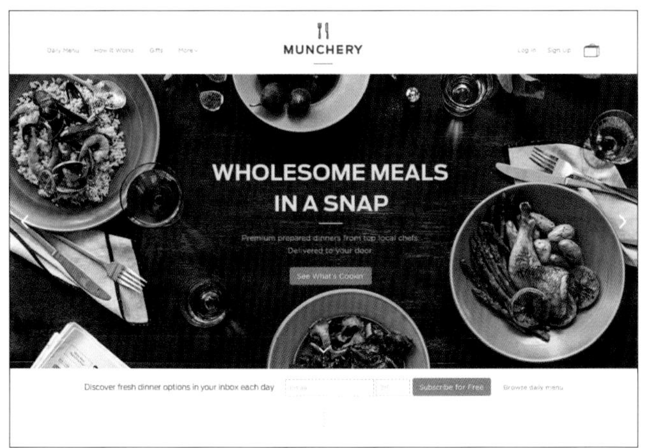
MUNCHERY
WHOLESOME MEALS
IN A SNAP
Discover fresh dinner options in your inbox each day
Subscribe for Free

MUNCHERY
WHOLESOME MEALS
IN A SNAP
Discover fresh dinner options in your inbox each day
Subscribe for Free

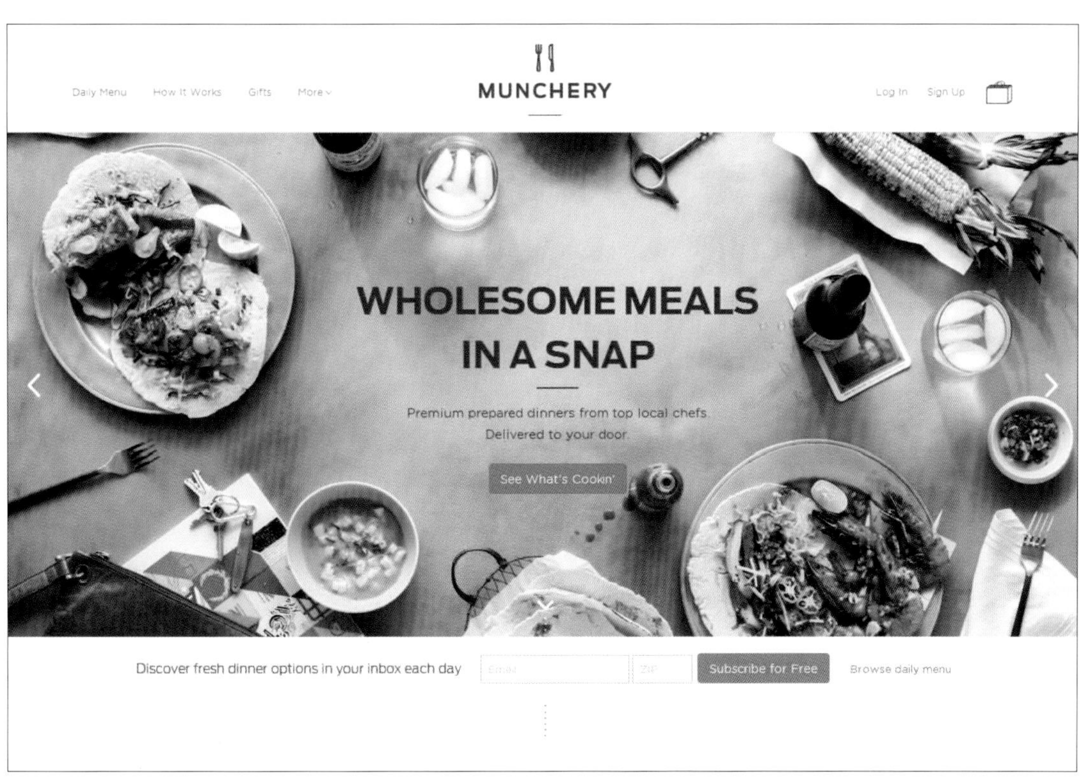
Daily Menu
How It Works
Gifts
More
MUNCHERY
Log In
Sign Up
WHOLESOME MEALS
IN A SNAP
Premium prepared dinners from top local chefs.
Delivered to your door.
See What's Cookin'
Discover fresh dinner options in your inbox each day
Email
ZIP
Subscribe for Free
Browse daily menu

图 7–3

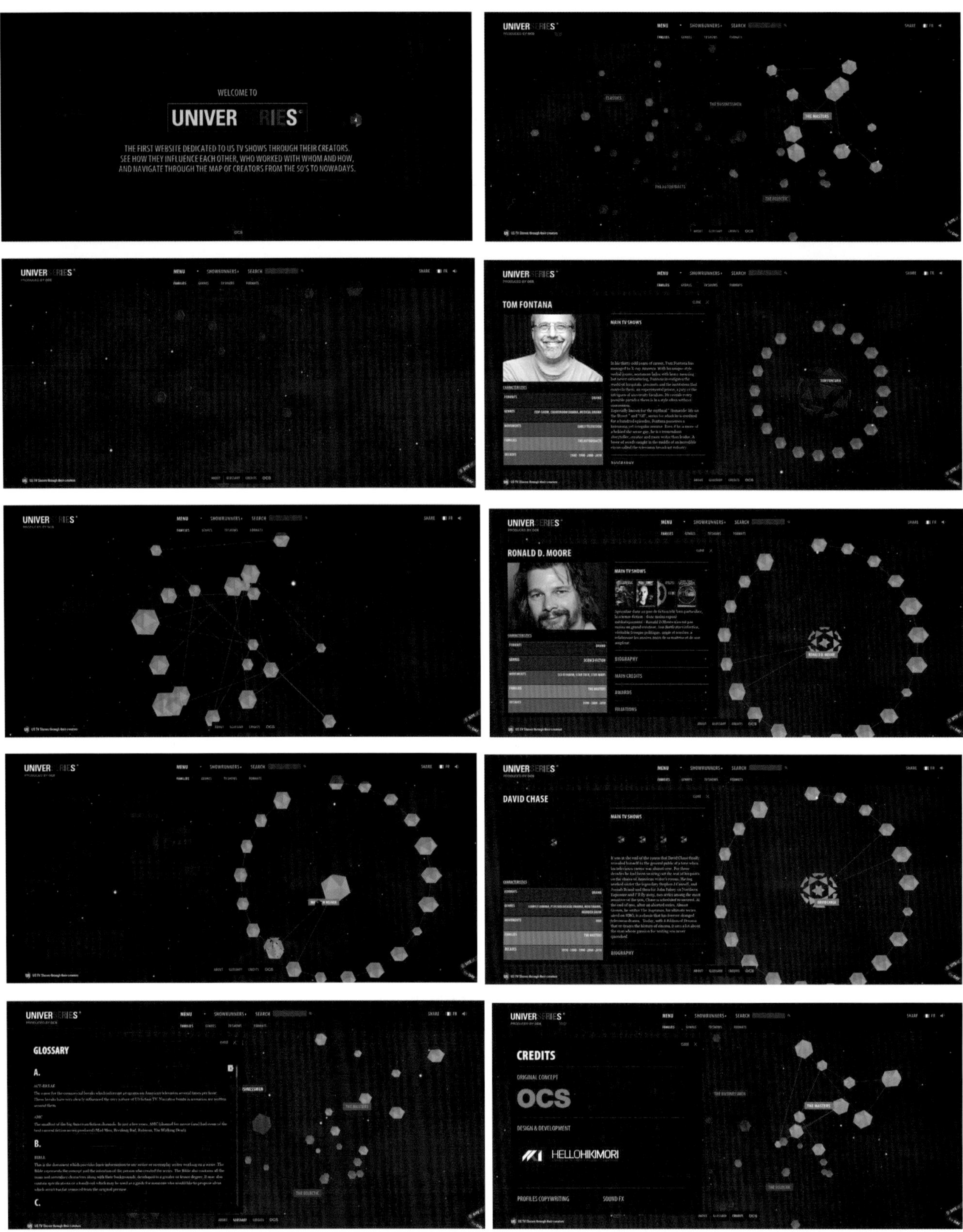
WELCOME TO
UNIVER SERIES
THE FIRST WEBSITE DEDICATED TO US TV SHOWS THROUGH THEIR CREATORS.
SEE HOW THEY INFLUENCE EACH OTHER, WHO WORKED WITH WHOM AND HOW,
AND NAVIGATE THROUGH THE MAP OF CREATORS FROM THE 50'S TO NOWADAYS.
TOM FONTANA
RONALD D. MOORE
DAVID CHASE
GLOSSARY
CREDITS
OCS
HELLOHIKIMORI

图 7-4

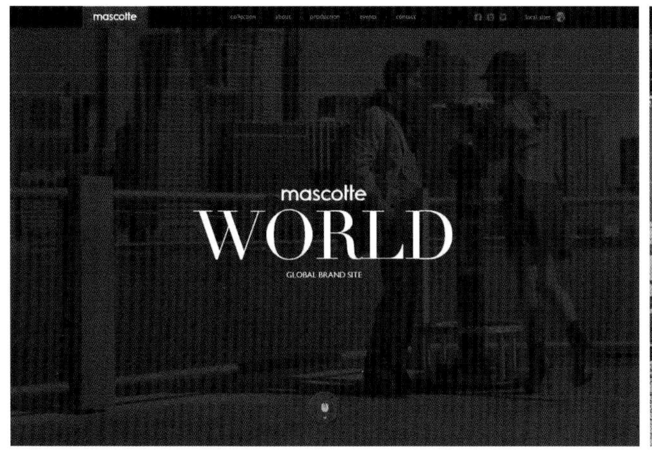
mascotte
collection
about
production
events
contact
local sites
mascotte
WORLD
GLOBAL BRAND SITE

mascotte
collection
about
production
events
contact
local sites
FW 13/14
COLLECTION
VIEW

mascotte
collection
about
production
events
contact
local sites
United Kingdom
Australia
Russia
FALL/WINTER
COLLECTION

mascotte
collection
about
production
events
contact
local sites
ABOUT
OUR SUCCESS
New collections are created by a talented team of designers from different countries, including masters working with the most high-profile fashion houses. Mascotte's success as a brand stems from its constant quest for new ideas and perfect forms, and from the creative reimagining and reshaping of those forms and materials into fashionable, elegant shoes and accessories.

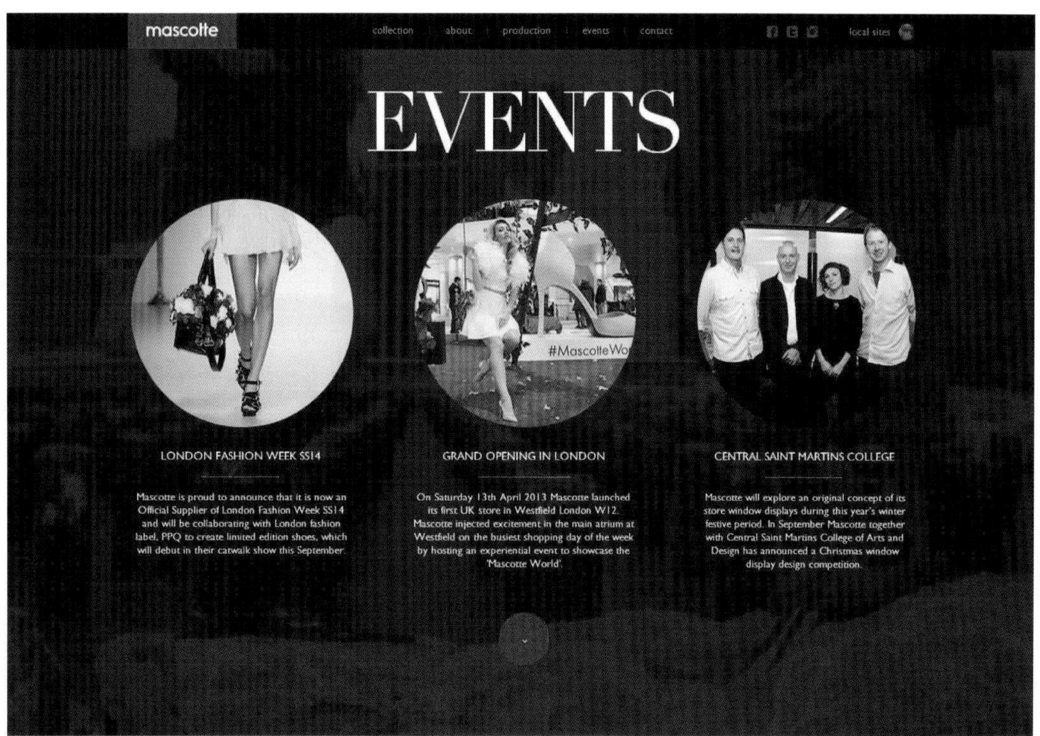
mascotte
collection
about
production
events
contact
local sites
EVENTS
#MascotteWo
LONDON FASHION WEEK SS14
Mascotte is proud to announce that it is now an Official Supplier of London Fashion Week SS14 and will be collaborating with London fashion label, PPQ to create limited edition shoes, which will debut in their catwalk show this September.
GRAND OPENING IN LONDON
On Saturday 13th April 2013 Mascotte launched its first UK store in Westfield London W12. Mascotte injected excitement in the main atrium at Westfield on the busiest shopping day of the week by hosting an experiential event to showcase the 'Mascotte World'.
CENTRAL SAINT MARTINS COLLEGE
Mascotte will explore an original concept of its store window displays during this year's winter festive period. In September Mascotte together with Central Saint Martins College of Arts and Design has announced a Christmas window display design competition.

图 7–5

We believe in
PEOPLE more than PIZZA,
BUT we also believe
THAT PIZZA
can bring people TOGETHER!

Pizza Oven
DOWNLOAD
HOW TO MAKE
PIZZA OVEN
Gifted oven

WANT A
PIZZA PARTY
AT YOUR PLACE?
PIZZA
RESERVATION
have a look our
Pizza Party
Cooking with
Biking for it!
Park Pizza!
Orange pizzas!

Hello everyone...
My name is Renato and I am a pizza fanatic!
Everything started at the architecture university in Brazil, where I learned how to build and enjoy pizza ovens!
Besides ovens I am an creative architect working in holland for the past six years. Last year I founded Morfis architecture/Urbanism where I can exercise my profession.
I also believe that bricks can bring people together!
Newsletter
we'll keep you up to date with our stuff
Your email.
Subscribe
The pizza community
Renato
Kees
Jef
Joja

图 7–6

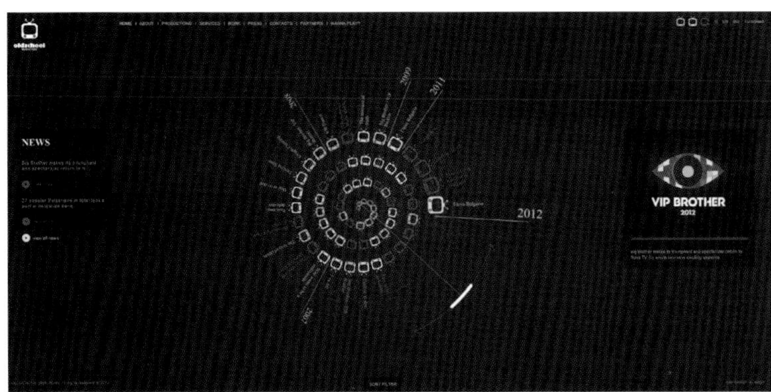
NEWS
2012
VIP BROTHER
2012

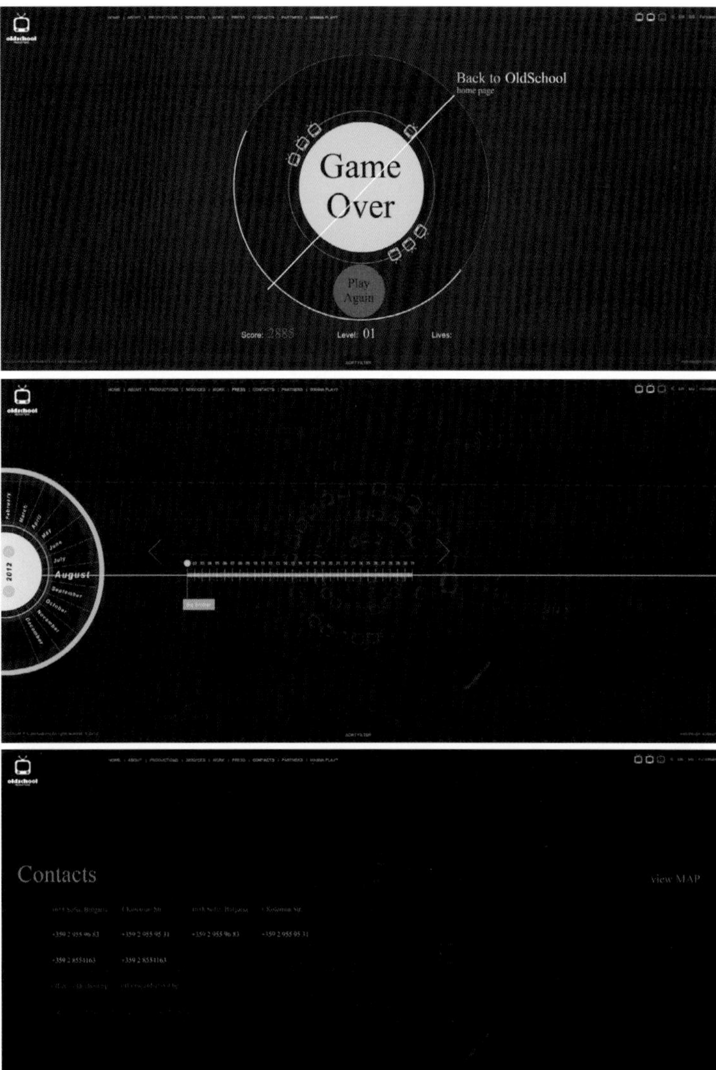
Back to OldSchool
home page
Game
Over
Play
Again
Score: 2885
Level: 01
Lives:
2012
August
Contacts
view MAP

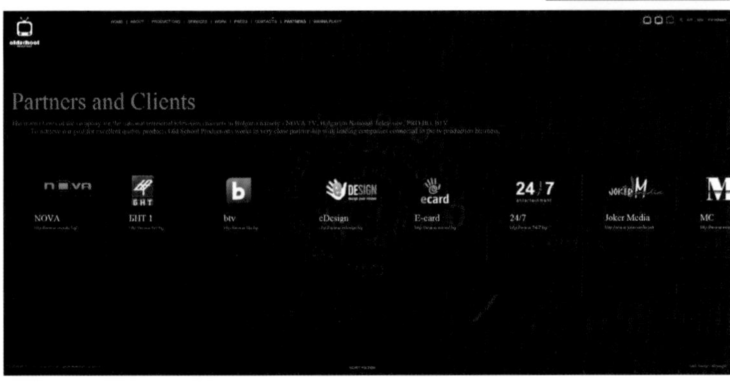
Partners and Clients
NOVA
БНТ 1
btv
eDesign
E-card
24/7
Joker Media
MC

图 7–7

A CORRIDA
VAI COMEÇAR
CONFIRA A TRANSMISSÃO AO VIVO
DOMINGO DIA 23 A PARTIR DAS 13:00.
CLIQUE AQUI
JOGAR
AGORA
REPLAY
REXONA ENERGIZING X RACE
E-MAIL
SENHA
PERDEU SUA SENHA? ?
NOVO REXONA ENERGIZING
SUPERE SEUS LIMITES
REXONA ENERGIZING X RACE
TUDO SOBRE O GAME

E-MAIL
SENHA
PERDEU SUA SENHA? ?
NOVO REXONA ENERGIZING
SUPERE SEUS LIMITES
REXONA ENERGIZING X RACE
TUDO SOBRE O GAME
SIGA SEUS INSTINTOS
SIGA COM REXONA
ENERGIZING
UNILEVER - Todos os direitos Reservados

图 7-8

UN DÍA SANÍSSIMO
Vive Saníssimo
COMPARTIR ES SANÍSSIMO
YO SANÍSSIMO
Productos Saníssimos
Recetas Saníssimas
SANÍSSIMO

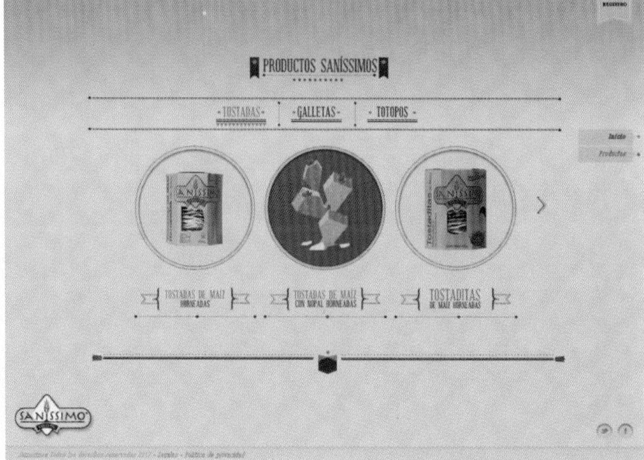
PRODUCTOS SANÍSSIMOS
TOSTADAS
GALLETAS
TOTOPOS
TOSTADAS DE MAÍZ HORNEADAS
TOSTADAS DE MAÍZ CON NOPAL HORNEADAS
TOSTADITAS DE MAÍZ HORNEADAS
SANÍSSIMO

WELCOME

WHAT WE DO
Strategy
Idea
Design
Production
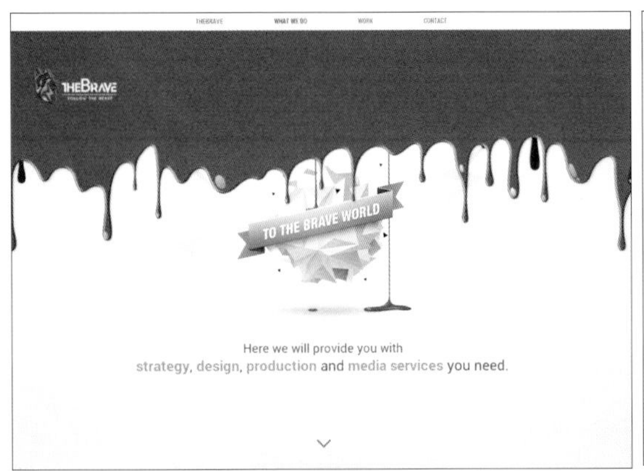
TO THE BRAVE WORLD
Here we will provide you with
strategy, design, production and media services you need.
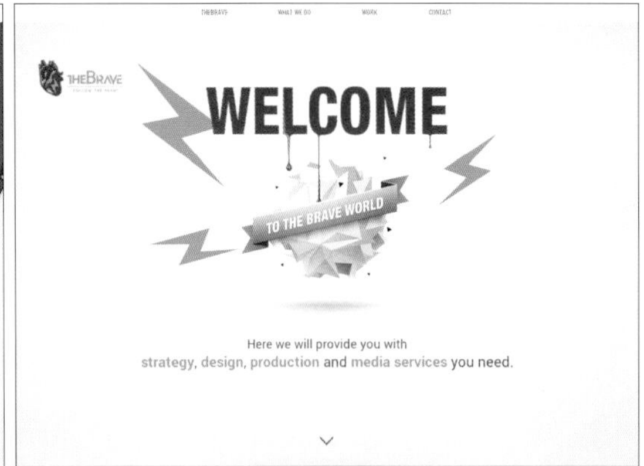
WELCOME
TO THE BRAVE WORLD
Here we will provide you with
strategy, design, production and media services you need.

图 7–9

PRODUCTOS SANÍSSIMOS
TOSTADAS
GALLETAS
TOTOPOS
TOTOPOS
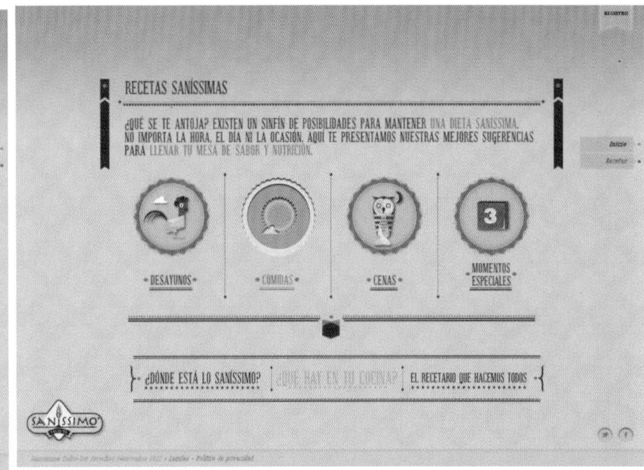
RECETAS SANÍSSIMAS
DESAYUNOS
COMIDAS
CENAS
MOMENTOS ESPECIALES
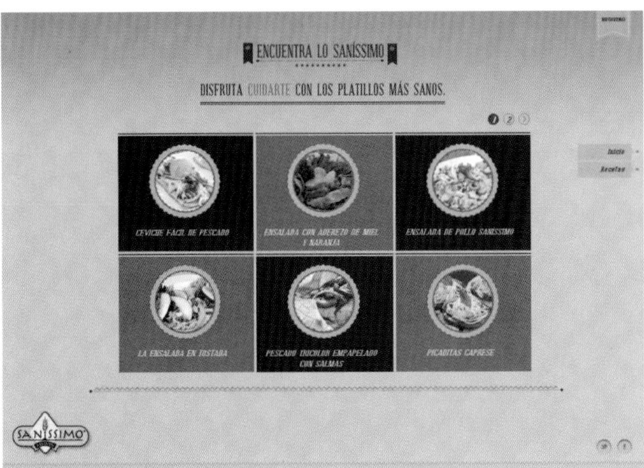
ENCUENTRA LO SANÍSSIMO
DISFRUTA CUIDARTE CON LOS PLATILLOS MÁS SANOS.

图 7–10

TRACY
CHAPMAN
OUR BRIGHT FUTURE
Sunday, May 9th New York City
HOME ALBUMS LYRICS TOUR DATES CONNECT

TRACY
CHAPMAN
OUR BRIGHT FUTURE
Sunday, May 9th New York City
HOME ALBUMS LYRICS TOUR DATES CONNECT

OUR BRIGHT FU
TRACY
CHAPMAN
HOME ALBUMS LYRICS TOUR DATES CONNECT

Lyrics By Song Title
HOME ALBUMS LYRICS TOUR DATES CONNECT

2008 European Tour Dates
NOVEMBER
HOME ALBUMS LYRICS TOUR DATES CONNECT

Tracy On Myspace
Email List
myspace
a place for friends
HOME ALBUMS LYRICS TOUR DATES CONNECT

图 7-11

unouplus
INDEX
ABOUT
WORKS
CONTACT
ASOBI

图 7-12

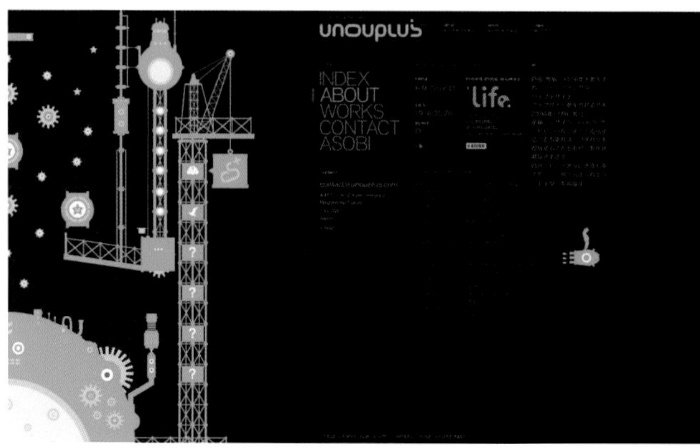
unouplus
INDEX
ABOUT
WORKS
CONTACT
ASOBI
life

FRONTAL LOBE
fresh brain project
PARIETAL LOBE
fresh brain project
TEMPORAL LOBE
fresh brain project
OCCIPITAL LOBE
fresh brain project

图 7-13

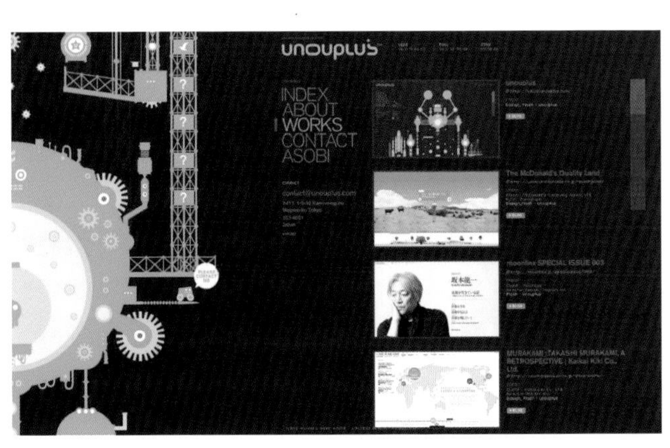
unouplus
INDEX
ABOUT
WORKS
CONTACT
ASOBI

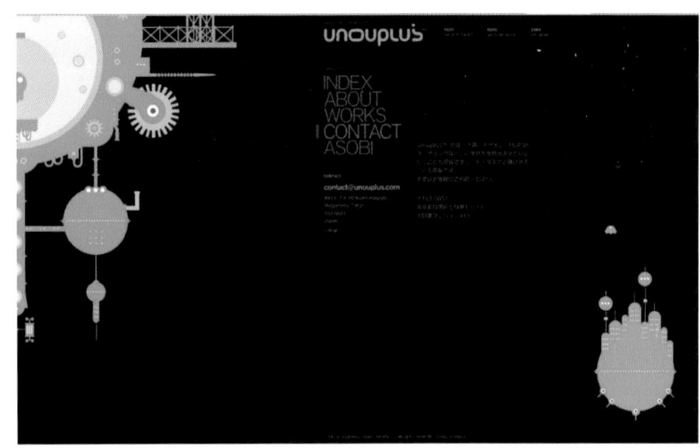
unouplus
INDEX
ABOUT
WORKS
CONTACT
ASOBI
contact@unouplus.com

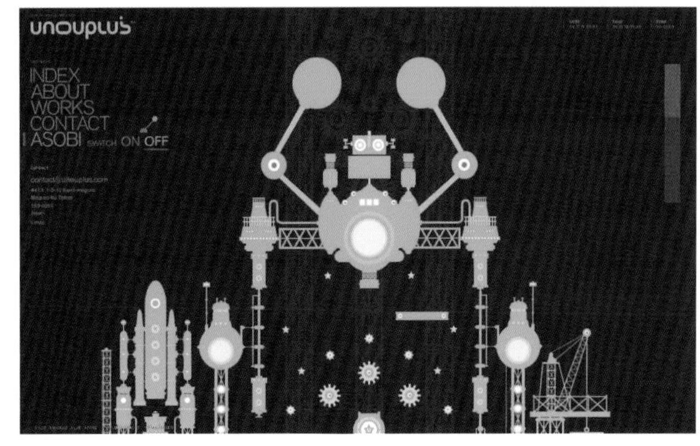
unouplus
INDEX
ABOUT
WORKS
CONTACT
ASOBI SWITCH ON OFF

Contents Produce
Value About us Service Portfolio Recruit Contact

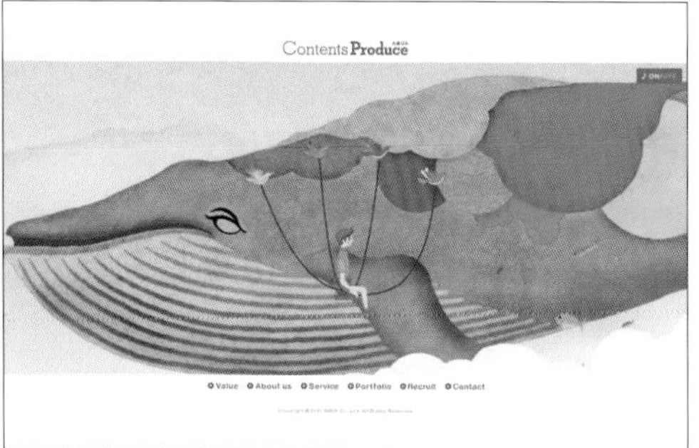
Contents Produce
Value About us Service Portfolio Recruit Contact

Contents Produce
Value About us Service Portfolio Recruit Contact

图 7-14

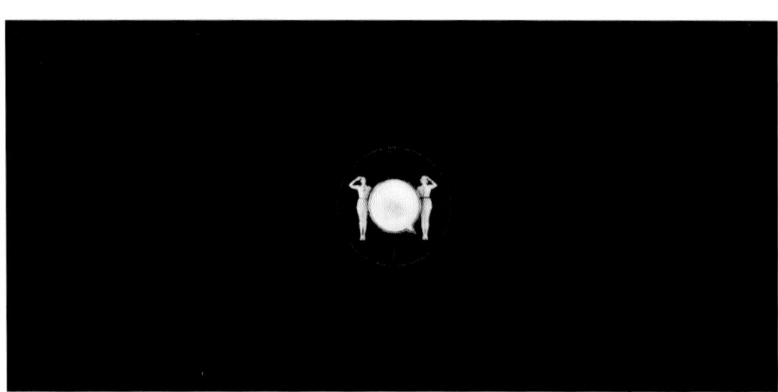

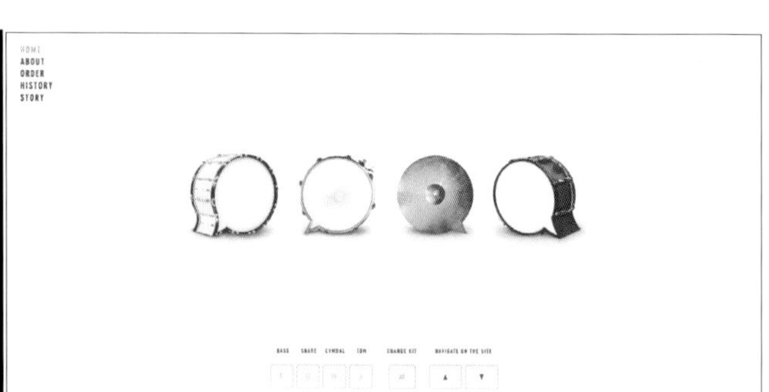
HOME
ABOUT
ORDER
HISTORY
STORY

HOME
ABOUT
ORDER
HISTORY
STORY
IT'S JUST YOU AND THE MIC. NO EXCUSES AND NO LOOP BUTTON TO HIDE BEHIND. NOTHING BUT THE BEAT YOU CREATE.

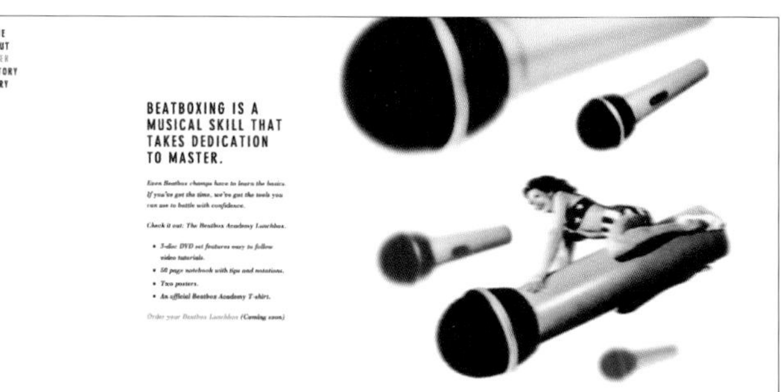
HOME
ABOUT
ORDER
HISTORY
STORY
BEATBOXING IS A MUSICAL SKILL THAT TAKES DEDICATION TO MASTER.

HOME
ABOUT
ORDER
HISTORY
STORY
BEATBOXING SHARES ITS ROOTS WITH MCS AND DRUM MACHINES.

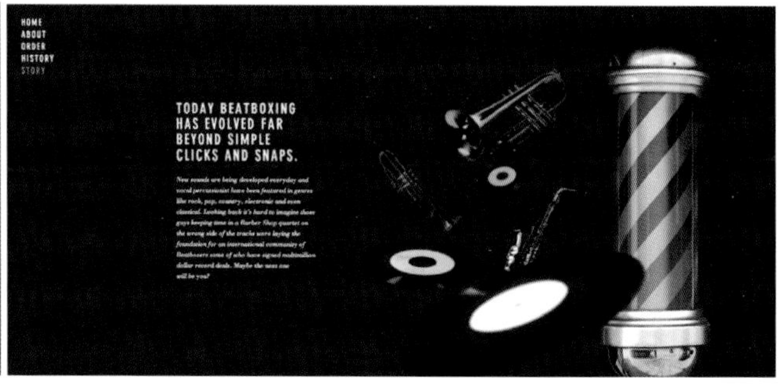
HOME
ABOUT
ORDER
HISTORY
STORY
TODAY BEATBOXING HAS EVOLVED FAR BEYOND SIMPLE CLICKS AND SNAPS.

图 7-15

CARD CREDIT
8 495 775 7757
8 800 700 7757

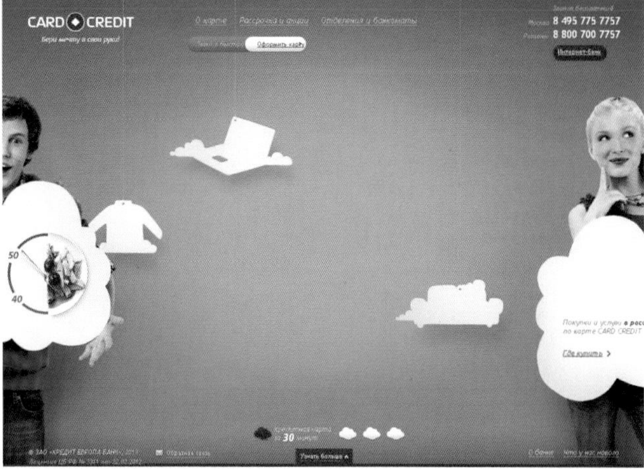
CARD CREDIT
8 495 775 7757
8 800 700 7757

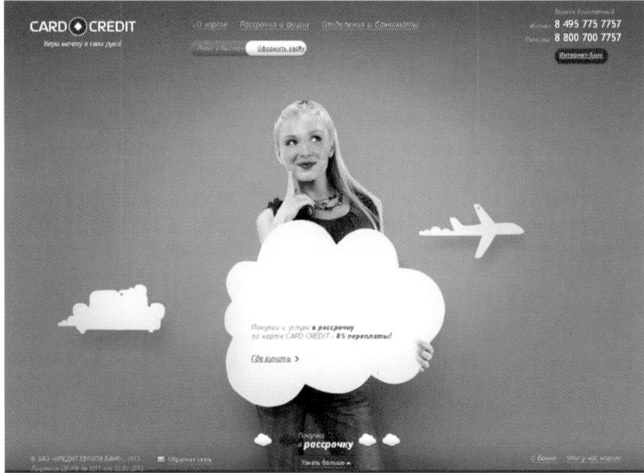
CARD CREDIT
8 495 775 7757
8 800 700 7757

CARD CREDIT
8 495 775 7757
8 800 700 7757
CARD CREDIT

CARD CREDIT
Бери мечту в свои руки!
О карте
Рассрочка и акции
Отделения и банкоматы
Звонок бесплатный
Москва 8 495 775 7757
Регионы 8 800 700 7757
Интернет-банк
Легко и быстро
Оформить карту
Фамилия, Имя, Отчество
Мобильный телефон
E-mail
Следующий шаг
Все поля обязательны
для заполнения
Оформить
карту
© ЗАО «КРЕДИТ ЕВРОПА БАНК», 2013
Лицензия ЦБ РФ № 3311 от 22.02.2012
Обратная связь
Узнать больше
О банке
Что у нас нового

图 7-16

Diet Coke
EXTRAORDINARY
TWENTY TWO
PARTY

Diet Coke
EXTRAORDINARY22
1 2 3 4 5
TONIGHT'S the NIGHT
What do Taylor's lyrics mean to you?
Fans responded with their photos. Head to the gallery to see them all.
Find Out More

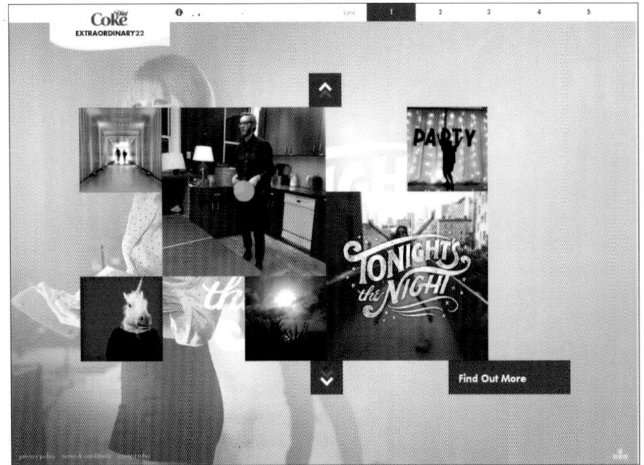
Diet Coke
EXTRAORDINARY22
1 2 3 4 5
PARTY
TONIGHT'S the NIGHT
Find Out More

Diet Coke
EXTRAORDINARY22
1 2 3 4 5
I'M FEELING 22
What do Taylor's lyrics mean to you?
Fans responded with their photos. Head to the gallery to see them all.
Find Out More

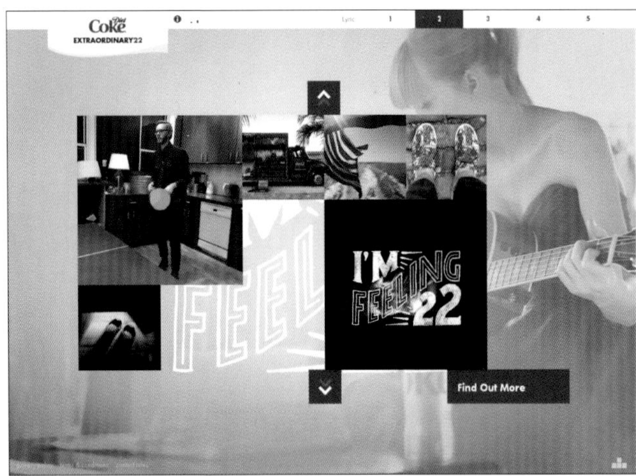
Diet Coke
EXTRAORDINARY22
1 2 3 4 5
I'M FEELING 22
Find Out More

Diet Coke
EXTRAORDINARY22
1 2 3 4 5
DRESS UP Like HIPSTER
What do Taylor's lyrics mean to you?
Fans responded with their photos. Head to the gallery to see them all.
Find Out More

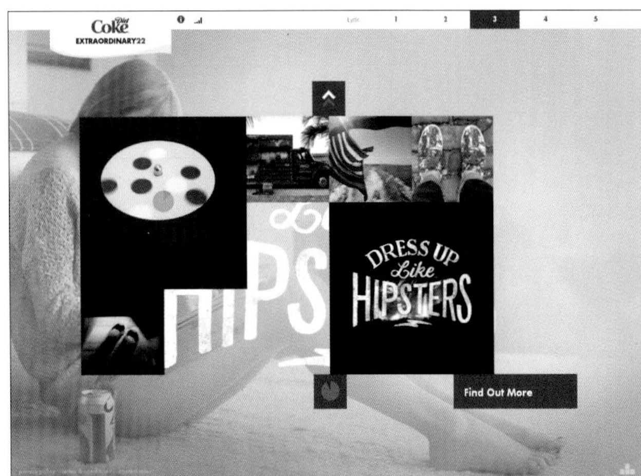
Diet Coke
EXTRAORDINARY22
1 2 3 4 5
DRESS UP Like HIPSTERS
Find Out More

Diet Coke
EXTRAORDINARY22
1 2 3 4 5
FALL IN LOVE WITH STRANGE
What do Taylor's lyrics mean to you?
Fans responded with their photos. Head to the gallery to see them all.
Find Out More

图 7-17

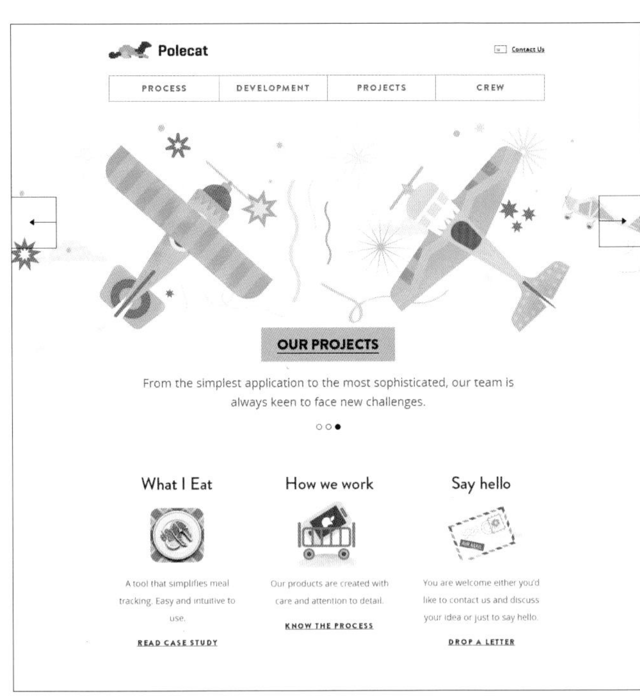

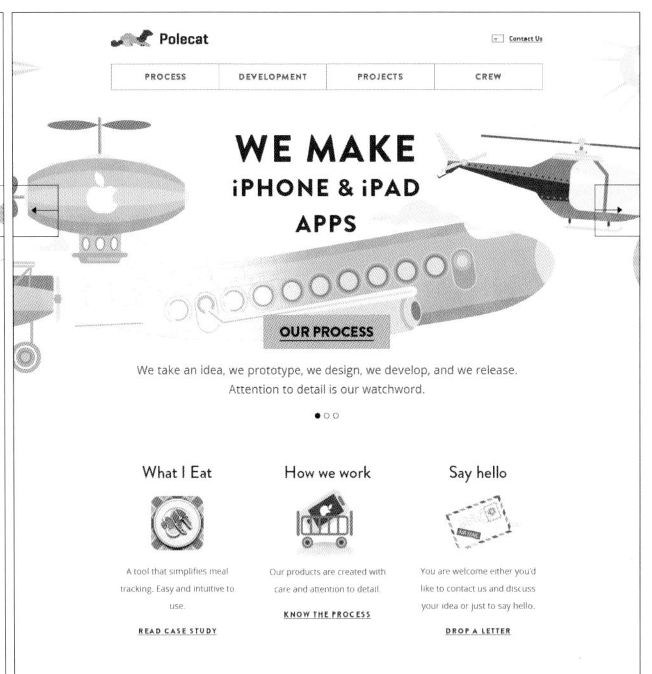

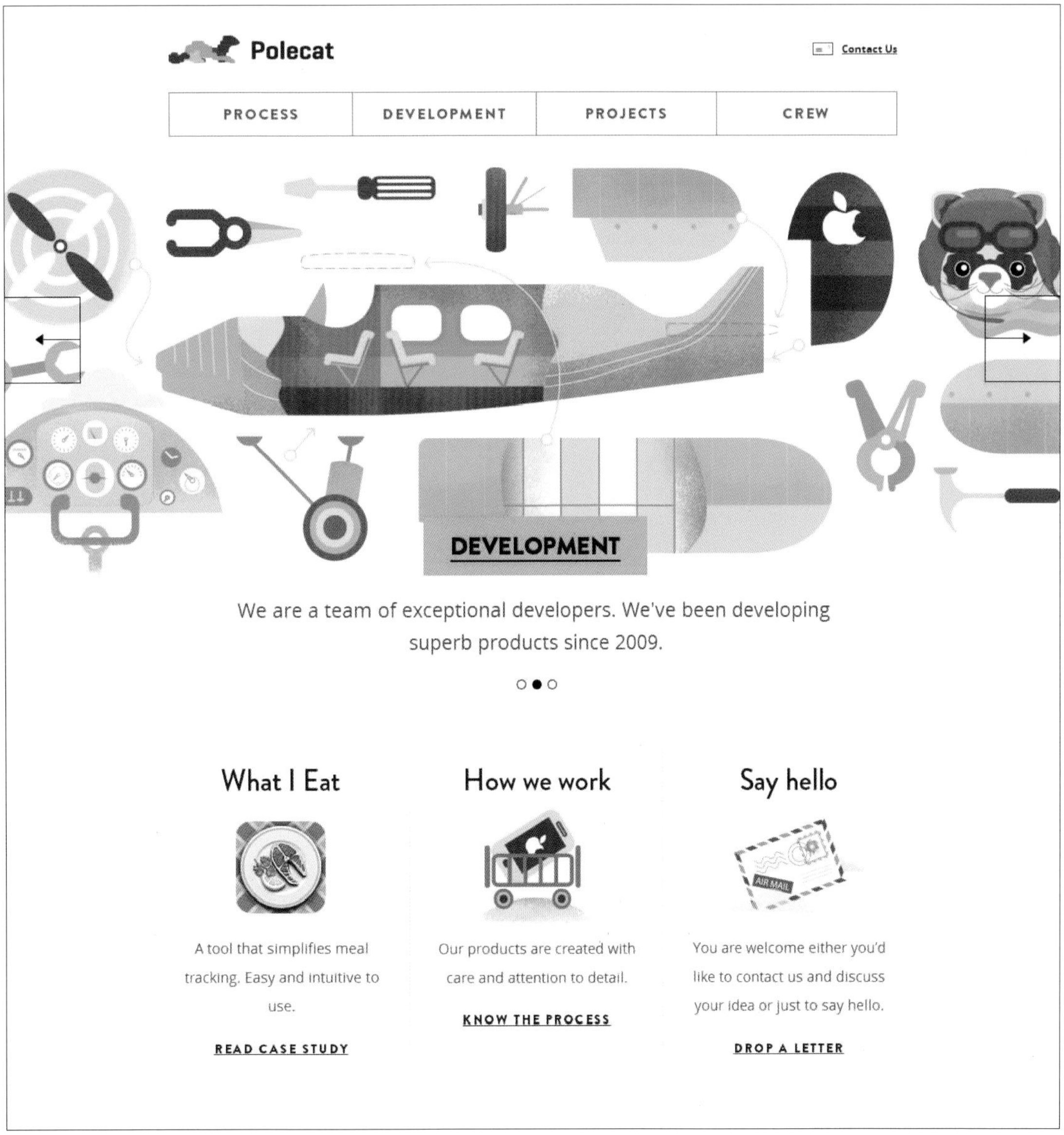

Polecat
Contact Us
PROCESS
DEVELOPMENT
PROJECTS
CREW
OUR PROJECTS
From the simplest application to the most sophisticated, our team is always keen to face new challenges.
What I Eat
A tool that simplifies meal tracking. Easy and intuitive to use.
READ CASE STUDY
How we work
Our products are created with care and attention to detail.
KNOW THE PROCESS
Say hello
You are welcome either you'd like to contact us and discuss your idea or just to say hello.
DROP A LETTER

Polecat
Contact Us
PROCESS
DEVELOPMENT
PROJECTS
CREW
WE MAKE
iPHONE & iPAD
APPS
OUR PROCESS
We take an idea, we prototype, we design, we develop, and we release. Attention to detail is our watchword.
What I Eat
A tool that simplifies meal tracking. Easy and intuitive to use.
READ CASE STUDY
How we work
Our products are created with care and attention to detail.
KNOW THE PROCESS
Say hello
You are welcome either you'd like to contact us and discuss your idea or just to say hello.
DROP A LETTER

Polecat
Contact Us
PROCESS
DEVELOPMENT
PROJECTS
CREW
DEVELOPMENT
We are a team of exceptional developers. We've been developing superb products since 2009.
What I Eat
A tool that simplifies meal tracking. Easy and intuitive to use.
READ CASE STUDY
How we work
Our products are created with care and attention to detail.
KNOW THE PROCESS
Say hello
AIR MAIL
You are welcome either you'd like to contact us and discuss your idea or just to say hello.
DROP A LETTER

图 7-18

MOKYTOJŲ
AKADEMIJA

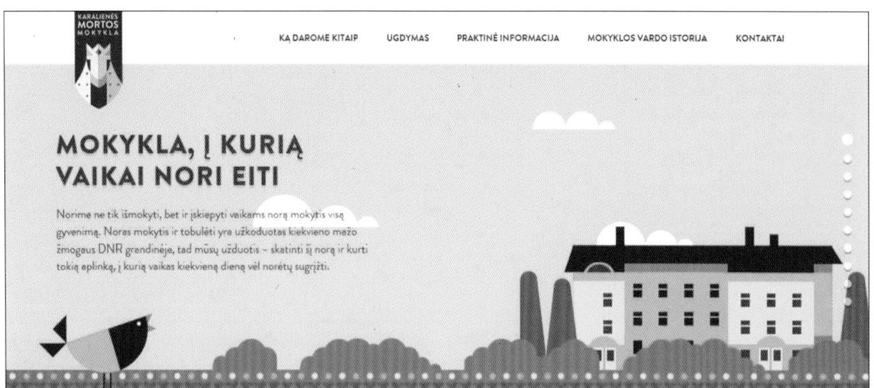
KARALIENĖS
MORTOS
MOKYKLA
KĄ DAROME KITAIP
UGDYMAS
PRAKTINĖ INFORMACIJA
MOKYKLOS VARDO ISTORIJA
KONTAKTAI
MOKYKLA, Į KURIĄ
VAIKAI NORI EITI
Norime ne tik išmokyti, bet ir įskiepyti vaikams norą mokytis visą gyvenimą. Noras mokytis ir tobulėti yra užkoduotas kiekvieno mažo žmogaus DNR grandinėje, tad mūsų užduotis – skatinti šį norą ir kurti tokią aplinką, į kurią vaikas kiekvieną dieną vėl norėtų sugrįžti.

KISS & DRIVE
„Pabučiuok ir važiuok" tvarka: vaikus prie mokyklos vartų pasitinka jų mokytojai, tad tėvams nereikia gaišti laiko vedant vaiką į klasę – užteks sustoti, pabučiuoti ir išleisti mažuosius į kasdienį mokymosi nuotykį. Juk puikiai žinome, kad rytas – sunkus metas, kai tėvai baksnoja pirštu į tiksintį laikrodį ir galvotrūkčiais lekia į darbus, o vaikams dar norisi su jais kiek pabūti.

KNYGŲ SKAITYMAI

IŠVYKOS
Du kartus per mėnesį kartu su mokiniais keliaujame į termines išvykas, kuriose vaikai praktiškai papildo tai, ko išmoksta ir sužino klasėje. Keliaujame ne tik po Vilnių, bet ir po visą Lietuvą. Muziejai, parodos, patys įvairiausi renginiai – visada įtraukti į mūsų darbo planus.

图 7–19

PIRMADIENIO ASAMBLĖJA
Kiekvieną pirmadienį visą mokyklos bendruomenę sukviečiame į asamblėją, nes pokalbiai suartina žmones ir pamėtėja šviežių idėjų naujiems projektams, čia pat aptariame visą ateinančią savaitę: gimtadienius, išvykas ir kitus svarbius įvykius.

VAIKAI VERTINA SAVE
Vaikus vertina ne tik pedagogai, ir patys vaikai vertina save. Specialiai vaikams sukūrėme dvi savęs vertinimo priemones: temos mokymosi kontraktą ir asmeninį portfolio, kuriame vaikas kaupia geriausius savo darbus, nuolat juos pristato mokytojui ir tėvams. Vaikumas vyksta visai kaip suaugusiųjų gyvenime, kad baigus mokyklą vaikams netrūktų pasitikėjimo savimi.
10

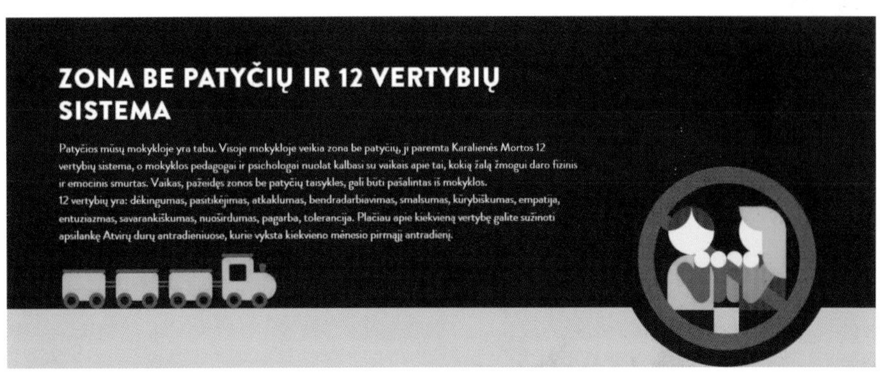
ZONA BE PATYČIŲ IR 12 VERTYBIŲ SISTEMA
Patyčios mūsų mokykloje yra tabu. Visoje mokykloje veikia zona be patyčių, ji paremta Karalienės Mortos 12 vertybių sistema, o mokyklos pedagogai ir psichologai nuolat kalbasi su vaikais apie tai, kokią žalą žmogui daro fizinis ir emocinis smurtas. Vaikas, pažeidęs zonos be patyčių taisykles, gali būti pašalintas iš mokyklos.
12 vertybių yra: dėkingumas, pasitikėjimas, atkaklumas, bendradarbiavimas, smalsumas, kūrybiškumas, empatija, entuziazmas, savarankiškumas, nuoširdumas, pagarba, tolerancija. Plačiau apie kiekvieną vertybę galite sužinoti apsilankę Atvirų durų antradieniuose, kurie vyksta kiekvieno mėnesio pirmąjį antradienį.

MOKYMOSI KONTRAKTAI
Pradėdamas naują temą mokinys su mokytoju sudaro kontraktą – išsikelia mokymosi tikslus ir nusistato įvertinimo kriterijus, kuriais vadovaudamasis vaikas pats nutars, ar įgyvendino mokymosi tikslus. Kiekvienos temos pabaigoje mokytojas skiria laiko, kad su mokiniu galėtų aptarti, ar išsikelti tikslai buvo tinkami ir kaip jie buvo įgyvendinami. Taigi, nespraudsdami vaikų į rėmus, ugdome jų gebėjimus savarankiškai mąstyti, vertinti save ir įvairias iškilusias situacijas.
A
C
Ч
Б

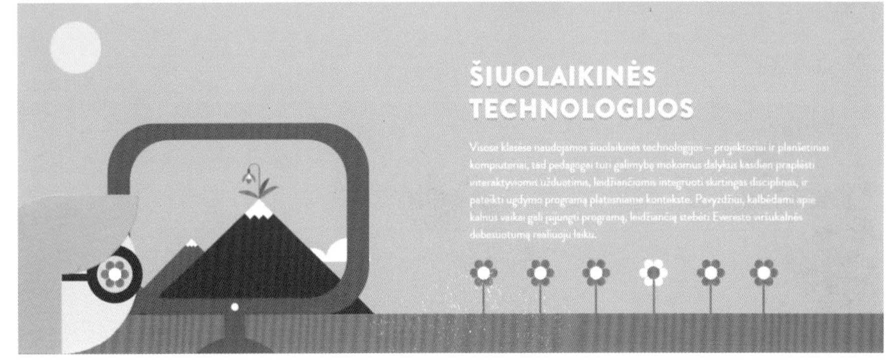
ŠIUOLAIKINĖS TECHNOLOGIJOS
Visose klasėse naudojamos šiuolaikinės technologijos – projektoriai ir planšetiniai kompiuteriai, tad pedagogai turi galimybę mokomus dalykus kasdien praplėsti interaktyviomis užduotimis, leidžiančiomis integruoti skirtingas disciplinas, ir pateikti ugdymo programą platesniame kontekste. Pavyzdžiui, kalbėdami apie kalnus vaikai gali įsijungti programą, leidžiančią stebėti Everesto viršukalnės debesuotumą realiuoju laiku.

Saltamonte.com.ar Design
All rights reserved 2007
LINIERS
Home | Links | Blog
SOUND

COMICS
MACANUDO
BONJOUR
POSTERS
COSAS QUE PASAN = ESTAS VIVO
EXTRAS
¿MAMA?
POR LINIERS
All rights reserved 2007
LINIERS
Home | Links | Blog
LANGUAJE
SOUND

Bio
BIO
Liniers History
Download CV
Saltamonte.com.ar Design
All rights reserved 2007
LINIERS
Home | Links | Blog
LANGUAJE
SOUND

Paintings
PAINTINGS
POR LINIERS
All rights reserved 2007
LINIERS
Home | Links | Blog
LANGUAJE
SOUND

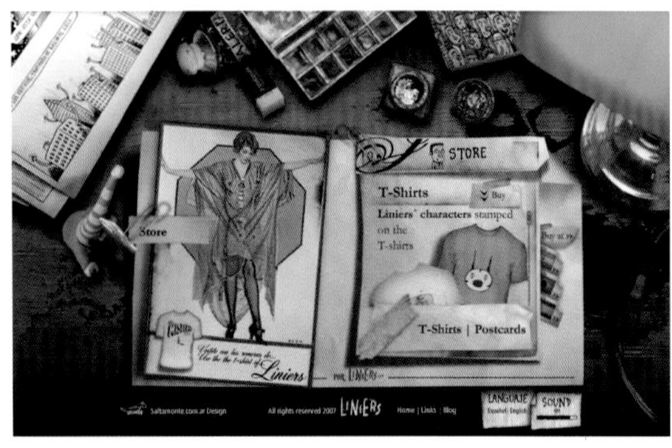

STORE
T-Shirts
Buy
Liniers' characters stamped on the T-shirts
Store
T-Shirts | Postcards
Liniers
Saltamonte.com.ar Design
All rights reserved 2007
LINIERS
Home | Links | Blog
LANGUAJE
SOUND

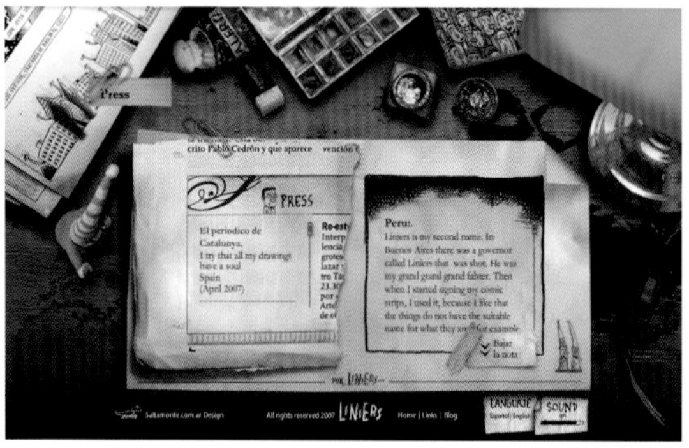

Press
PRESS
Peru.
POR LINIERS
Saltamonte.com.ar Design
All rights reserved 2007
LINIERS
Home | Links | Blog
LANGUAJE
SOUND

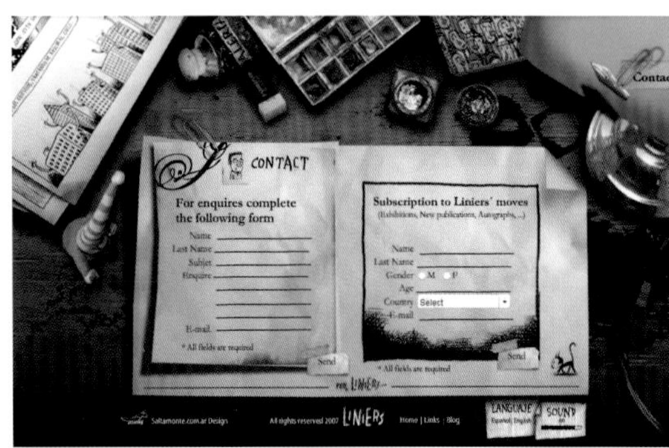

Contact
CONTACT
For enquires complete the following form
Subscription to Liniers' moves
Name
Last Name
E-mail
* All fields are required
Send
Saltamonte.com.ar Design
All rights reserved 2007
LINIERS
Home | Links | Blog
LANGUAJE
SOUND

BUEN DIA
CRI-TICO
Saltamonte.com.ar Design
All rights reserved 2007
LINIERS
Home | Links | Blog
SOUND

Bio
COMIC
Los verdaderas aventuras de Liniers
ESTABAMOS VIENDO UN PROGRAMA SOBRE TOP MODELS!!
UNA PISO: "CUANDO LAS COSAS EN MI VIDA SE PONEN DIFÍCILES LAS ABANDONO... PORQUE NUNCA QUIERO FRACASAR EN NADA."
JA JA JA JA JA JA JA JA
Click to Suscribe to Newsletter
NEWS
Liniers' Forum - Publicado el 28/02/08
We regret to inform that the Liniers forum has been discontinued due to the amount of pornographic SPAM that we received. We would like
See all News
Saltamonte.com.ar Design
All rights reserved 2007
LINIERS
Home | Links | Blog
LANGUAJE
SOUND

图 7-20

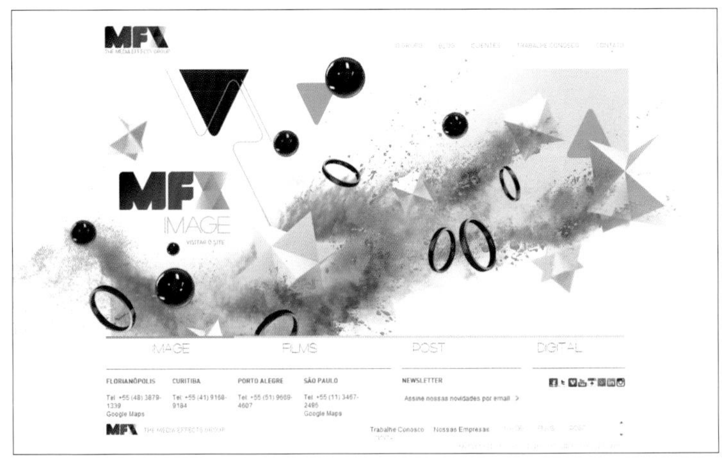
MFX
IMAGE
FILMS
POST
DIGITAL
FLORIANÓPOLIS
CURITIBA
PORTO ALEGRE
SÃO PAULO
NEWSLETTER
Assine nossas novidades por email
Trabalhe Conosco
Nossas Empresas

MFX
FILMS
IMAGE
FILMS
POST
DIGITAL
FLORIANÓPOLIS
CURITIBA
PORTO ALEGRE
SÃO PAULO
NEWSLETTER
Assine nossas novidades por email
Trabalhe Conosco
Nossas Empresas

MFX
POST
IMAGE
FILMS
POST
DIGITAL
FLORIANÓPOLIS
CURITIBA
PORTO ALEGRE
SÃO PAULO
NEWSLETTER
Assine nossas novidades por email
Trabalhe Conosco
Nossas Empresas

MFX
DIGITAL
IMAGE
FILMS
POST
DIGITAL
FLORIANÓPOLIS
CURITIBA
PORTO ALEGRE
SÃO PAULO
NEWSLETTER
Assine nossas novidades por email
Trabalhe Conosco
Nossas Empresas

图 7–21

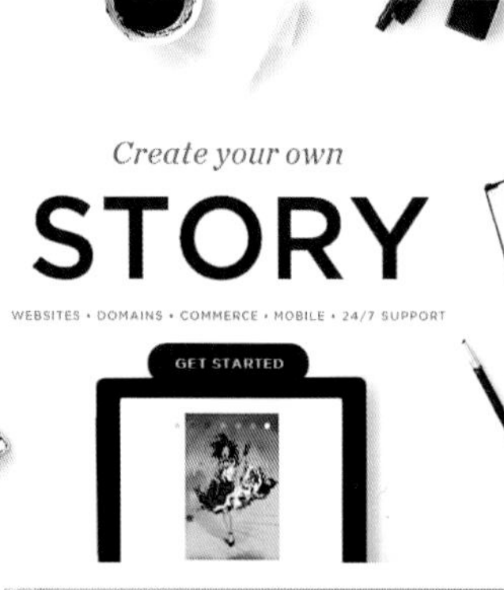

图 7-22

思考题

1. 试分析当下网站的设计流行趋势。
2. 选择两种当下网站的设计流行趋势,试分析其设计特点。
3. 思考国际优秀网页设计对设计者的引导作用。